大中型水利工程标准化工地建设实务

孙　翀　王晓东　张泽玉　庄志凤　张振海　主编

山东大学出版社
SHANDONG UNIVERSITY PRESS
·济南·

图书在版编目(CIP)数据

大中型水利工程标准化工地建设实务 / 孙翀等主编
.—济南:山东大学出版社,2022.5
ISBN 978-7-5607-7519-7

Ⅰ．①大…　Ⅱ．①孙…　Ⅲ．①水利工程建设－标准化
管理　Ⅳ．①TV512

中国版本图书馆 CIP 数据核字(2022)第 082723 号

策划编辑	曲文蕾
责任编辑	祝清亮
封面设计	王秋忆

出版发行	山东大学出版社
社　　址	山东省济南市山大南路 20 号
邮政编码	250100
发行热线	(0531)88363008
经　　销	新华书店
印　　刷	山东和平商务有限公司
规　　格	787 毫米×1092 毫米　1/16
	16.5 印张　381 千字
版　　次	2022 年 5 月第 1 版
印　　次	2022 年 5 月第 1 次印刷
定　　价	58.00 元

《大中型水利工程标准化工地建设实务》

编委会

主　编：孙　翀　　王晓东　　张泽玉　　庄志凤　　张振海

副主编：田中锋　　倪志刚　　鹿亚奇　　王金山　　陈凤振

　　　　李国强

参　编：陈洪兵　　包广志　　魏　华　　李　琨　　韩　鹏

　　　　赵立宾　　王秀艳　　马　坤　　孙崇平　　随　程

　　　　李春艳　　陈佳荣　　庞　岱　　张　珂　　刘学勤

　　　　张东瑶　　唐法相　　刘国金　　成　波　　苗长龙

前　言

2000 多年前,古人在建造都江堰的过程中总结出了"深淘滩,低作堰"的经验,并把这"六字"经验作为治理都江堰的引水防沙准则。1949 年以前,中国的水利(水电)标准化进展缓慢。之后,标准化工作得到较快发展。1988 年 12 月 29 日《中华人民共和国标准化法》发布实施,从此,中国标准化工作纳入了法制管理的新阶段。

水利工程是关乎国民经济发展、关乎民生的重要基础设施。近年来,我国不断加大水利工程建设力度,取得了瞩目的成就,为国民经济发展作出了重要贡献。在水利工程建设进程中,国家及各地方政府陆续出台了一系列水利建设相关的法律法规、政策、标准、规程等,对工程建设程序、质量、安全、现场管理等逐步进行了规范,工程建设管理向标准化迈进。经过多年的建设管理实践,编者发现目前在水利工程工地现场建设、管理方面还存在诸多问题,如缺乏统一的标准化规范约束,这在一定程度上制约了水利建设的高质量发展。

为深入贯彻落实习近平总书记"十六字"治水思路及水利方面重要讲话精神,加强水利生产标准化动态管理,促进水利生产经营单位不断改进和提高生产管理水平,更好地规范水利工程工地现场建设行为,完善项目法人、代建、监理、设计、施工、检测等单位现场管理体系,提高各参建单位现场管理水平,保证工程质量、安全生产和文明施工,对大中型水利工程工地建设加以标准化、系统化、规范化,助推水利工程建设向高质量发展是有必要的。

山东省调水工程运行维护中心、山东省水利勘测设计院有限公司基于多年的大中型水利工程建设经验及工作实际需求,组织人员编写了本书。本书对标准化工地建设开展了有益探索,对大中型水利工程标准化工地建设提出了明确的管理标准。除引用相关规范条文要求外,本书还详细阐述了工程项目编制综合性文件的应用环境,可有效节省管理资源,提高利用效率,促进综合管理水平的逐步提升。本书可供从事水利工程建设工作的参建单位专业的管理、生产等人员使用,对其他土木建筑领域工程管理和技术人员也具有较高的参考价值。

　　本书的出版得到了杨沣江、李呈义、张旭春、张峰、闫运雷、丁毅强、吕志刚、王学成、张玉源、马永收、王鹏等专家及中国建筑第三工程局有限公司的大力支持,在此表示衷心感谢!

　　限于编者水平,书中难免存在不妥之处,敬请读者批评指正。

编者

2022 年 1 月

目　录

第1章 制度标准化

1.1 项目法人(代建)单位

项目法人(代建)单位应根据法律法规的要求和管理需要建立健全合同、质量、安全等管理体系和管理制度(详见附录 A)。

1.1.1 合同管理

1.1.1.1 合同文本格式

工程建设合同应采用国家规定的标准(示范)合同范本,没有标准合同范本的,在符合有关法律法规和规章的基础上,由合同当事人协商确定。工程合同主要包含代建、勘察、设计、监理、检测、施工、材料采购等类型。

(1)工程建设勘察合同:采用《中华人民共和国标准勘察招标文件》(2017 版)合同文本格式。

(2)工程建设设计合同:采用《中华人民共和国标准设计招标文件》(2017 版)合同文本格式。

(3)工程监理合同:采用《中华人民共和国标准监理招标文件》(2017 版)合同文本格式。

(4)工程施工合同:大中型水利水电工程采用《水利水电工程标准施工招标资格预审文件》(2009 年版)和《水利水电工程标准施工招标文件》(2009 年版)合同文本格式。

1.1.1.2 合同管理制度

项目法人(代建)单位应明确合同管理部门负责合同管理工作,一般由工程建设管理部履行合同管理职责。根据合同类型和数量,相关部门制定合同管理制度,一般包括:

(1)合同管理职责制度。

(2)合同订立审签管理制度。

(3)合同专用章保管使用制度。

(4)法人委托书管理制度。

(5)合同履行、变更和解除制度。

(6)合同纠纷处理制度。

(7)合同资料管理制度。

(8)考核与奖惩制度。

1.1.2　质量管理

(1)根据工程项目质量管理目标要求,项目法人(代建)单位与设计、监理、施工、主要材料设备供应(商)等单位分别签订工程质量管理责任书。

(2)项目法人(代建)单位质量管理机构根据工程规模和特点,制定本项目质量管理计划(方案)、质量管理办法。

(3)项目法人(代建)单位应制定的质量管理制度一般包括施工图审查制度、设计变更管理制度、质量缺陷管理制度、质量领导责任制度、质量责任追究制度、质量奖惩制度、参与工程质量评定制度、参加或主持工程验收制度等。

1.1.3　安全管理

(1)水利工程建设项目应由项目法人牵头组建成立安全生产领导小组,项目法人主要负责人任组长,分管安全的负责人任副组长,设计、监理、施工等参建单位现场机构的主要负责人为成员。

(2)项目法人(代建)单位安全生产管理机构应组织制定本项目安全生产管理制度。管理制度一般包括(不限于)安全生产管理办法,安全生产目标考核办法,安全目标管理制度,安全生产责任制度,安全生产费用管理制度,安全技术措施审查制度,安全设施"三同时"管理制度,安全生产教育培训制度,生产安全事故隐患排查治理制度,重大危险源和危险物品管理制度,安全防护设施、生产设施及设备、危险性较大的单项工程、重大事故隐患治理验收制度,安全例会制度,消防、社会治安管理制度,安全生产档案管理制度,应急管理制度,事故管理制度,安全生产责任制管理考核制度,安全风险分级管控制度,事故报告制度等。

1.1.4　进度管理

项目法人(代建)单位应主持编制项目总体实施计划和年度实施计划。实施计划内容一般包括工程概况、工程建设总体安排、年度进度计划、关键节点进度计划、工程实施保障措施等内容。

1.1.5　其他

项目法人(代建)单位还应根据项目特点编制招投标管理办法、建设资金及财务管理办法、档案管理办法、征地迁占工作制度、会议制度、工地现场巡视检查制度、工程资金支付审核制度等管理办法及制度。

1.2 监理单位

监理单位应根据法律法规及合同要求建立健全合同、质量、安全等管理体系和管理制度(详见附录 B)。

1.2.1 合同管理

监理单位应按照监理合同的要求履行监理职责,按照监理合同的授权监督承包人执行施工合同。

合同管理中涉及的变更、索赔、工程保险、工程分包、化石和文物保护、争议、清场与撤离等其他工作,按照《水利工程施工监理规范》(SL 288—2014)6.7 有关规定执行。

1.2.2 质量管理

监理单位应根据《水利工程施工监理规范》(SL 288—2014)建立健全质量控制体系,并按照监理大纲、监理规划及监理实施细则严格控制施工质量。监理单位应建立的质量管理制度包括(不限于)建立技术核查、审核和审批制度,原材料、中间产品和工程设备报验制度,旁站监理制度,工程建设标准强制性条文(水利工程部分)符合性审核制度等。

1.2.3 安全管理

监理单位应建立安全生产管理机构,配备专职安全监理人员,为现场监理人员配备必要的安全防护用具。

监理单位应建立健全以总监理工程师为核心的安全生产责任制,明确各级监理人员的责任范围和考核标准。

监理单位应制定本项目安全生产管理制度。管理制度一般包括(不限于)安全生产总体目标,安全监理规划、细则,安全监理例会制度,安全生产教育培训计划,安全监理巡视检查制度,安全生产费用、安全技术措施、安全方案审查制度,安全防护设施、生产设施及设备、危险性较大的单项工程、重大事故隐患治理检查与验收制度等。

监理单位应按照相关规定核查承包人的安全生产管理机构,核查安全生产管理人员的安全资格证书和特种作业人员的特种作业操作资格证书,并检查安全生产教育培训情况;审查承包人编制的施工组织设计中的安全技术措施、施工现场临时用电方案、灾害应急预案以及危险性较大的分部工程或单元工程专项施工方案是否符合工程建设标准强制性条文(水利工程部分)及相关规定的要求;监督承包人将列入合同安全施工措施的费用按照合同约定专款专用。

1.2.4　进度管理

监理单位应要求承包人按照合同约定编制总进度计划,分阶段、分项目施工进度计划及年度等施工进度计划,并进行审查。

施工过程中,监理单位应对进度计划执行情况进行检查,发生偏差时要求承包人及时调整,并报监理单位批准。

因故发生暂停施工、进度延误等情况时,按照《水利工程施工监理规范》(SL 288—2014)6.3有关规定处理。

1.3　施工单位

施工单位应根据法律法规及建设施工合同的要求建立健全安全、质量、合同、党建等管理体系和管理制度(详见附录C)。

1.3.1　合同管理

禁止承包人将工程分包给不具备相应资质条件的单位,禁止分包单位将已承包的工程再分包。

建设工程主体结构的施工必须由承包人自行完成。承包人按照合同约定或者经发包人同意,可以将中标项目的部分非主体、非关键性工作分包给他人完成。

施工承包人经发包人同意,可以将自己承包的部分工作交由第三人完成。第三人就其完成的工作成果与承包人向发包人承担连带责任。承包人不得将其承包的全部工程转包给第三人或者将其承包的全部工程肢解以后,以分包的名义分别转包给第三人。

1.3.2　质量管理

施工单位应按照《质量管理体系　要求》(GB/T 19001—2016)的要求建立健全质量管理体系,施工严格按照设计图纸和施工规范执行。

施工单位应制定的质量管理制度一般包括施工质量检验制度、三检制度、技术交底制度、质量责任制度、工序验收制度、图纸会审和技术交底制度、教育培训制度、质量缺陷备案制度、工程质量事故报告处理制度等。

1.3.3　安全管理

施工单位应按《水利水电工程施工安全管理导则》(SL 721—2015)及《水利安全生产标准化评审标准》(办安监〔2018〕52号)的要求建立健全安全保证体系。

施工单位应按规定设置安全生产管理机构和专职安全生产管理人员,并将配备情况以项目部红头文格式上报给项目法人备案。

施工单位的安全生产管理机构应组织制定本项目安全生产管理制度。管理制度一般包括(不限于)安全生产目标管理制度,安全生产总目标和年度目标、安全生产目标考核办法、安全生产责任制,安全生产费用管理制度,安全生产法律法规、标准规范管理制度,文件管理制度,安全教育培训制度,设备设施管理制度,设备设施管理制度,职业健康管理制度,施工现场安全和职业病危害警示标志、标牌的采购、制作、安装和维护等内容的管理制度,安全风险管理制度,危险源辨识和风险管控制度,事故隐患排查制度,事故隐患报告和举报奖励制度,事故报告、调查和处理制度,安全生产标准化绩效评定制度等。

1.3.4 进度管理

施工单位应编制进度计划,主要包括施工总进度计划、施工合同进度计划、施工合同单项(专项)进度计划,并上报监理单位审批。

1.4 其他单位

设计单位应按国家政策、法规、相关规范及合同规定在施工现场设立设计代表机构,做好设计文件的技术交底工作,参与建设工程质量事故分析。

质量监督机构应制定质量监督工作计划。

检测单位应制定水利工程建设项目质量检测方案、检测计划,并单独建立不合格项目台账。

第 2 章 人员标准化

2.1 机构组建

2.1.1 项目法人

政府出资的水利工程建设项目应由县级以上人民政府或其授权的水行政主管部门，或者其他部门（以下简称"政府或其授权部门"）负责组建项目法人。政府与社会资本方共同出资的水利工程建设项目由政府或其授权部门和社会资本方协商组建项目法人。社会资本方出资的水利工程建设项目由社会资本方组建项目法人，但组建方案需按照国家关于投资管理的法律法规及相关规定，经工程所在地县级以上人民政府或其授权部门同意。

对于在国家确定的重要江河、湖泊建设的流域控制性工程及中央直属水利工程，原则上由水利部或流域管理机构负责组建项目法人。

其他项目的项目法人组建层级由省级人民政府或其授权部门结合本地实际，根据项目类型、建设规模、技术难度、影响范围等因素确定。其中，新建库容 1.0×10^9 m³ 以上或坝高大于 70 m 的水库、跨地级市的大型引调水工程，应由省级人民政府或其授权部门组建项目法人，或由省级人民政府授权工程所在地市级人民政府组建项目法人。

跨行政区域的水利工程建设项目一般应由工程所在地共同的上一级政府或其授权部门组建项目法人，也可分区域由所在地政府或其授权部门分别组建项目法人。对于分区域组建项目法人的工程，工程所在地共同的上一级政府或其授权部门应加强对各区域项目法人的组织协调。

政府积极推行按照建设运行管理一体化原则组建项目法人。对已有的工程实施改、扩建或除险加固的项目，可以以现有的运行管理单位为基础组建项目法人。

国家鼓励各级政府或其授权部门组建常设专职机构，履行项目法人职责，集中承担辖区内政府出资的水利工程建设。各级政府及其组成部门不得直接履行项目法人职责，政府部门工作人员在项目法人单位任职期间不得同时履行水利建设管理相关行政职责。

具有独立法人资格的单位应承担与其职责相适应的法律责任。具备与工程规模和技术复杂程度相适应的组织机构一般可设工程技术、计划合同、质量安全、财务、综合等内设机构,总人数应满足工程建设管理需要,大、中、小型工程人数一般按照不少于30、12、6人配备,其中工程专业技术人员原则上不少于总人数的50%。

项目法人的主要负责人、技术负责人和财务负责人应具备相应的管理能力和工程建设管理经验。其中,技术负责人应为专职人员,有从事类似水利工程建设管理的工作经历和经验,能够独立处理工程建设中的专业问题,并具备与工程建设相适应的专业技术职称。大型水利工程和坝高大于70 m的水库工程项目法人的技术负责人应具备水利或相关专业高级职称或职业资格,其他水利工程项目法人的技术负责人应具备水利或相关专业中级以上职称或职业资格。

水利工程建设期间,项目法人主要管理人员应保持相对稳定。不能按照相应要求组建项目法人的单位应通过委托代建单位等方式,引入符合相关要求的社会专业技术力量,协助项目法人履行相应管理职责。

2.1.2　代建单位

代建单位应成立现场管理机构(项目管理部/代建项目部),任命项目负责人和技术负责人。对于由联合体承担代建服务工作的工程,其项目负责人应从牵头单位选派。

代建单位根据工程特点和项目管理内容设置管理岗位和职责部门,人员结构满足工程建设质量、安全、进度、资金、合同、档案等管理和技术要求,人员配备数量应与工程规模和技术复杂程度相匹配。

代建单位实行项目负责人负责制。大中型工程项目代建单位项目负责人和技术负责人应具有高级技术职称,小型工程项目代建单位项目负责人和技术负责人应具有中级及以上技术职称。项目建设期间,代建单位项目负责人和技术负责人应相对稳定,更换项目负责人和技术负责人应符合代建合同约定。

代建单位应建立相应工作制度,其中包括代建单位岗位职责、工作人员守则、文件管理、会议、廉政防控等内容。

代建单位应将人员组织、职责分工等内容书面报送委托人,并告知工程各参建单位。

对于同时承担设计、监理等工作的代建单位,代建单位不得与设计、监理等现场管理机构合并设置,人员不得交叉。

2.1.3　监理单位

监理单位应成立现场监理项目部,该部门是负责履行建设工程监理合同的现场派驻组织机构。项目监理机构的组织形式和规模可根据建设工程监理合同约定的服务内容、服务期限、工程特点、投资规模、不同阶段以术复杂程度等因素确定。

现场监理部关键岗位人员是指总监理工程师、专业监理工程师、监理员。工程项目建设单位在招标文件中应要求投标人按国家和省有关法律法规、规范标准等规定配备现场监理部关键岗位人员。在参与投标时，工程监理单位应根据工程项目的规模、特点和招标文件要求，在投标文件中明确现场监理部关键岗位人员的配备情况，关键岗位人员数量不得低于有关规定。

总监理工程师由监理单位法定代表人任命，是负责履行建设工程监理机构工作的注册监理工程师。专业监理工程师由总监理工程师授权，负责实施某一专业或某一岗位的监理工作。各关键岗位人员应持有相应的岗位资格证书，注明了单位名称的岗位资格证书应与持证人员的执业单位一致。

监理合同中应明确现场监理部门关键岗位人员配备情况，且应与投标文件相符。原则上，关键岗位人员不得更换。若因退休、调离等特殊情况需要更换的，须提出书面申请，经项目法人审查同意后及时报上一级水行政主管部门审查备案。

经项目法人同意后，监理工程师可以在同一城市同时担任不超过 2 个项目的总监理工程师。专业监理工程师、监理员不得同时在 2 个及以上建设工程项目的现场监理部任职。

建设单位应对现场监理部门关键岗位人员配备和到岗履职情况进行检查，并形成检查记录。发现人员配备不达标、擅自更换、不到岗、不按规定履行职责的，应责令其改正；对拒不改正的，应及时报告上级水行政主管部门及其质量安全监督机构。

2.1.4 施工单位

施工单位应成立现场施工项目部，该部门是负责履行建设工程施工合同的现场派驻组织机构。

施工项目部关键岗位人员是指项目负责人、项目技术负责人及"五大员"。工程项目建设单位在招标文件中应要求投标人按国家和省有关法律法规、规范标准等规定配备建设工程施工项目部关键岗位人员。在参与投标时，建筑施工单位应根据工程项目的规模、特点和招标文件要求，在投标文件中明确施工项目部关键岗位人员的配备情况。关键岗位人员数量不得低于有关规定。

项目负责人、技术负责人、各科室负责人由施工单位法定代表人任命，负责履行建设工程施工、管理、技术等相关工作。各关键岗位人员应持有相应的岗位资格证书，注明了单位名称的岗位资格证书，应与持证人的执业单位一致。

施工合同中应明确施工项目部关键岗位人员配备情况，且应与投标文件相符。原则上，关键岗位人员不得更换。若因退休、调离等特殊情况需要更换的，须提出书面申请，经项目法人审查同意后及时报上一级水行政主管部门审查备案。

施工单位项目经理不得同时担任 2 个及以上在建项目的项目经理，并不得同时兼任其他项目施工员、质检员、材料员、安全员、资料员等。施工项目部关键岗位人员不得同时在 2 个及以上的建设工程项目中任职。

现场监理部应对施工项目部关键岗位人员到岗和履职情况进行检查。项目总监理工程师应安排专人检查,并形成检查记录。对发现人员配备不达标、擅自更换、不到岗、不按规定履行职责的,总监理工程师应签发整改单责令其改正并报告建设单位。

2.2 人员管理

2.2.1 人员考勤管理

项目法人要做好施工、监理等现场管理人员在岗履职情况的统计和台账管理。原则上,对于总投资 1000 万元以上或工期超过 3 个月的水利工程建设项目,要以人脸识别或指纹打卡等方式对现场人员进行考勤管理。

2.2.2 关键岗位人员管理

监理单位总监理工程师不得同时担任 2 个以上在建项目的总监理工程师。施工单位项目经理不得同时担任 2 个及以上在建项目的项目经理,并不得同时兼任其他项目施工员、质检员、材料员、安全员、资料员等。若人员符合相关特殊情形要求,允许在 2 个以上项目从业的,按有关规定执行。严格控制关键岗位人员变更,严格履行变更手续,变更后的管理人员资格条件必须满足原招标文件的要求。

2.2.3 在建水利项目人员锁定

结合山东省水利工程电子投标系统,相关部门应对在建水利项目的主要施工、监理管理人员进行自动识别锁定。施工或监理单位投标时,电子招标系统将自动检索"山东省水利工程建设项目管理系统""山东省水利建设市场信用信息平台""山东省水利工程招标投标公共服务平台"有关中标通知、合同签订、工程建设等信息。若发现项目经理承担 1 个及以上在建水利工程项目、总监理工程师承担 2 个及以上在建水利工程项目或 6 个月内发生变更的,系统将自动锁定冻结人员,使其不能参与电子招标投标。对施工单位承揽的水利工程项目已完成工程验收、合同验收或竣工验收的,或虽未组织验收但经项目主管行政部门确认完工的,或未完工但因业主方原因导致项目停工 3 个月以上的(业主出具停工说明),其项目经理或总监不列入锁定范围。

为了便于人员锁定,招标代理机构在中标单位确定后,应及时登录"山东省水利工程招标投标公共服务平台",上传中标通知书,完善中标人员信息。项目法人在合同签订或工程开工后,应及时登录"山东省水利工程建设项目管理系统",上传合同、填写参建单位投标承诺人员及合同规定人员服务期(3 个月内不能开工应上传情况说明)。单位工程或合同工程等完工验收后,项目法人应及时上传验收鉴定书等文件,并更新合同工程完工状态。施工或监理单位在合同签订后,应及时登录"山东省水利建设市场信用信息平台",填报承揽水利工程的在建状态,在完工验收后及时更新合同完工状态。

2.3　岗位职责

2.3.1　项目法人

项目法人的职责如下：

（1）组织开展或协助水行政主管部门开展初步设计编制、报批等相关工作。

（2）按照基本建设程序和批准的建设规模、内容，依据有关法律法规和技术标准组织工程建设。

（3）根据工程建设需要组建现场管理机构，任免其管理、技术及财务等重要岗位负责人。

（4）负责办理工程质量、安全监督及开工备案手续。

（5）参与做好征地拆迁、移民安置工作，配合地方政府做好工程建设其他外部条件落实等工作。

（6）依法对工程项目的勘察、设计、监理、施工、咨询、材料采购以及设备准备等工作组织招标或采购，签订并严格履行有关合同。

（7）组织施工图设计审查，按照有关规定履行设计变更的审查（或审核）与报批工作。

（8）负责监督检查现场管理机构和参建单位建设管理情况，包括工程质量、安全生产、工期进度、资金支付、合同履约、农民工工资保障以及水土保持和环境保护措施等方面的落实情况。

（9）负责组织设计交底工作，组织解决工程建设中的重大技术问题。

（10）组织编制、审核、上报项目项目年度建设计划和资金预算，配合有关部门落实年度工程建设资金，按时完成年度建设任务和投资计划，依法依规管理和施工建设资金。

（11）负责组织编制、审核、上报在建工程度汛方案和应急预案，落实安全度汛措施，组织应急预案演练，对在建工程安全度汛负责。

（12）组织或参与工程及有关专项验收工作。

（13）负责组织编制竣工财务决算，做好资产移交相关工作。

（14）负责工程档案资料的管理，包括对各参建单位相关档案资料的收集、整理、归档等工作进行监督、检查。

（15）负责开展项目信息管理和参建各方信用信息管理相关工作。

（16）接受并配合有关部门开展的审计、稽查、巡查等各类监督检查，组织落实整改要求。

（17）法律法规规定的职责及应当履行的其他职责。

2.3.2　代建单位

代建单位的职责如下：

（1）对代建项目进行全面管理。

（2）编制代建管理实施方案，制定代建项目建设管理制度，确定代建单位部门和岗位职责，制定代建人员的相关工作考核制度，对不称职的人员进行调整。

（3）与项目法人、项目主管单位及时沟通，传达、落实相关政策或要求。

（4）组织编制并实施项目总体和年度进度计划、资金使用计划、招标和采购工作计划、工程验收计划。

（5）监督协调工程各参建单位现场管理机构的工作，要求相关参建单位对不称职的现场人员进行调整。

（6）主持召开工程建设会议，研究并解决项目管理中的重要问题。

（7）签发代建单位的请示、报告、通知、指令和函件等书面文件。

（8）对工程计量价款支付、变更、索赔、违约、结算等文件签发审核意见。

（9）组织或参与工程建设中发生的质量、安全事故的调查与处理。

（10）组织或参与工程验收或验收准备工作。

（11）配合上级部门的稽查、检查、评估、考核等工作，对发现问题组织整改。

（12）代建合同中约定的应由代建单位承担的其他工作。

2.3.3　监理单位

监理单位的职责如下：

（1）水利工程建设监理实行总监理工程师负责制。总监理工程师负责全面履行监理合同中所约定的监理单位的职责。

（2）编制监理规划，制定监理机构规章制度，签发监理机构的文件。

（3）制定相关监理人员的工作考核制度，调换不称职的监理人员；根据工程建设进展情况，调整监理人员。

（4）主持审核承包人提出的分包项目和分包人，报发包人批准。

（5）审批承包人提交的施工组织设计、施工措施计划、施工进度计划和资金流计划。

（6）组织设计交底，签发施工图纸。

（7）主持第一次工地会议，主持监理例会和监理专题会议。

（8）签发进场通知、合同项目开工令、分部工程开工通知、暂停施工通知和复工通知等重要监理文件。

（9）组织审核付款申请，签发各类付款证书。

（10）主持处理合同违约、变更和索赔等事宜，签发变更和索赔的有关文件。

（11）主持施工合同实施中的协调工作，调解合同争议，必要时对施工合同条款作出解释。

（12）要求承包人撤换不称职或不宜在本工程工作的现场施工人员或技术、管理人员。

(13)审核质量保证体系文件并监督其实施,审批工程质量缺陷的处理方案,参与或协助发包人组织处理工程质量及安全事故。

(14)组织或协助发包人组织工程项目的分部工程验收、单位工程完工验收、合同项目完工验收,参与阶段验收、单位工程投入使用验收和工程竣工验收。

(15)签发工程移交证书和保修责任终止证书。

(16)组织编写并签发监理月报、监理专题报告、监理工作报告,组织整理监理合同文件和档案资料。

2.3.4 施工单位

施工单位的职责如下:

(1)项目经理是工程施工的第一责任人,负责工程全面管理。贯彻执行国家和上级的有关方针、政策、法规及企业制定的各项规章制度。

(2)对资源进行合理配置和动态管理,确保施工过程处于受控状态,保证工程质量和工期满足施工合同要求。

(3)组织编制施工组织设计、施工计划、专项施工方案等技术文件。

(4)根据工程建设内容,建立各种专业管理体系并组织实施。

(5)制定项目部各职能部门岗位职责、考核办法,补充完善项目经理部的各项规章制度。

(6)参与工程验收,接受审计,协助相关组织和部门进行项目的检查、调查、鉴定和评奖申报工作。

2.4 工作制度

2.4.1 项目法人单位岗位工作制度

2.4.1.1 主要负责人

项目法人单位主要负责人的职责如下:

(1)贯彻落实法律法规、规章制度和标准。

(2)组织制定项目安全生产管理制度、安全生产目标管理计划、保证安全生产的措施方案和生产安全事故应急预案。

(3)检查、落实安全生产责任制度。

(4)履行安全生产例会制度。

(5)履行安全生产检查制度。

(6)履行年度安全考评制度。

(7)履行安全教育培训制度。

(8)履行安全事故调查处理制度。

2.4.1.2 技术负责人

项目法人单位技术负责人的职责如下：

(1)贯彻落实法律法规、规章制度和标准。

(2)组织或参与制定项目安全生产管理制度、安全生产目标管理计划、保证安全生产的措施方案和生产安全事故应急预案。

(3)组织或参与审查重大安全技术措施。

(4)组织或参与危险性较大的单项工程的验收。

(5)组织或参与重点部位、关键环节的安全技术交底。

(6)组织或参与生产安全事故隐患排查治理和应急救援演练监督落实安全生产措施。

2.4.2 代建单位岗位工作制度

2.4.2.1 项目经理

代建单位项目经理的职责如下：

(1)贯彻落实法律法规、规章制度和标准。

(2)组织制定项目安全生产管理制度、安全生产目标管理计划、保证安全生产的措施方案和生产安全事故应急预案。

(3)检查、落实安全生产责任制度。

(4)履行安全生产例会制度。

(5)履行安全生产检查制度。

(6)履行年度安全考评制度。

(7)履行安全教育培训制度。

(8)履行安全事故调查处理制度。

2.4.2.2 项目总工程师

代建单位项目总工程师的职责如下：

(1)贯彻落实法律法规、规章制度和标准。

(2)组织或参与制定项目安全生产管理制度、安全生产目标管理计划、保证安全生产的措施方案和生产安全事故应急预案。

(3)组织或参与审查重大安全技术措施。

(4)组织或参与危险性较大的单项工程的验收。

(5)组织或参与重点部位、关键环节的安全技术交底。

(6)组织或参与生产安全事故隐患排查治理和应急救援演练监督落实安全生产措施。

2.4.3　设计单位岗位工作制度

设计单位现场设计代表的职责如下：

(1)严格执行安全技术规程和标准,确保产品设计、工艺布置、工艺流程、工艺设备符合安全技术要求,在推广应用新产品、新技术、新工艺、新材料、新设备过程中确保符合安全技术要求。

(2)参与技术原因造成重大安全事故隐患的整改工作。

(3)参与企业重大伤亡事故的技术分析调查。

2.4.4　监理单位岗位工作制度

2.4.4.1　总监理工程师

管理单位总监理工程师的职责如下：

(1)主持编制监理规划,制定监理机构工作制度,审批监理实施细则。

(2)确定监理机构部门职责及监理人员职责权限,协调监理机构内部工作。负责监理机构中监理人员的工作考核,调换不称职的监理人员。根据工程建设进展情况,调整监理人员。

(3)签发或授权签发监理机构的文件。

(4)主持审查承包人提出的分包项目和分包人,报发包人批准。

(5)审批承包人提交的合同工程开工申请、施工组织设计、施工进度计划、资金流计划。

(6)审批承包人按有关安全规定和合同要求提交的专项施工方案、度汛方案和灾害应急预案。

(7)审核承包人提交的文明施工组织机构和措施。

(8)主持或授权监理工程师主持设计交底,组织核查并签发施工图纸。

(9)主持第一次监理工地会议,主持或授权监理工程师主持监理例会和监理专题会议。

(10)签发合同工程开工通知、暂停施工指示和复工通知等重要监理文件。

(11)组织审核已完成工程量和付款申请,签发各类付款证书。

(12)主持处理变更、索赔和违约等事宜,签发有关文件。

(13)主持施工合同实施中的协调工作,调解合同争议。

(14)要求承包人撤换不称职或不宜在本工程工作的现场施工人员或技术、管理人员。

(15)组织审核承包人提交的质量保证体系文件、安全生产管理机构和安全措施文件并监督其实施,发现安全隐患及时要求承包人整改或暂停施工。

(16)审批承包人施工质量缺陷处理措施计划,组织施工质量缺陷处理情况的检查和施工质量缺陷备案表的填写;按相关规定参与工程质量及安全事故的调查和处理。

(17)复核分部工程和单位工程的施工质量等级,代表监理机构评定工程项目施工质量。

(18)参与或受发包人委托主持分部工程验收,参与单位工程验收、合同工程完工验收、阶段验收和竣工验收。

(19)组织编写并签发监理月报、监理专题报告和监理工作报告,组织整理监理档案资料。

(20)组织审核承包人提交的工程档案资料,并提交审核专题报告。

2.4.4.2　监理工程师

监理单位监理工程师的职责如下:

(1)参与编制监理规划,编制监理实施细则。

(2)预审承包人提出的分包项目和分包人。

(3)预审承包人提交的合同工程开工申请、施工组织设计、施工总进度计划、年施工进度计划、专项施工进度计划、资金流计划。

(4)预审承包人按有关安全规定和合同要求提交的专项施工方案、度汛方案和灾害应急预案。

(5)根据总监理工程师的安排核查施工图纸。

(6)审批分部工程或分部工程部分工作的开工申请报告、施工措施计划、施工质量缺陷处理措施计划。

(7)审批承包人编制的施工控制网和原始地形的施测方案;复核承包人的施工放样成果;审批承包人提交的施工工艺试验方案、专项检测试验方案,并确认试验成果。

(8)协助总监理工程师协调参建各方之间的工作关系;按照职责权限处理施工现场发生的有关问题,签发一般监理指示和通知。

(9)核查承包人报验的进场原材料、中间产品的质量证明文件,核验原材料和中间产品的质量,复核工程施工质量,参与或组织工程设备的交货验收。

(10)检查、监督工程现场的施工安全和文明施工措施的落实情况,指示承包人纠正违规行为;情节严重时,向总监理工程师报告。

(11)复核已完成工程量报表。

(12)核查付款申请报表。

(13)提出变更、索赔及质量和安全事故处理等方面的初步意见。

(14)按照职责权限参与工程的质量评定工作和验收工作。

(15)收集、汇总、整理监理档案资料,参与编写监理月报,核签或填写监理日志。

(16)施工中发生重大问题或遇到紧急情况时,及时向总监理工程师报告、请示。

(17)指导、检查监理员的工作,必要时可向总监理工程师建议调换监理员。

(18)完成总监理工程师授权的其他工作。

2.4.4.3　监理员

监理单位监理员的职责如下：

(1)核实进场原材料和中间产品报验单并进行外观检查,核实施工测量成果报告。

(2)检查承包人用于工程建设的原材料、中间产品和工程设备等的使用情况,并填写现场记录。

(3)检查、确认承包人单元工程(工序)施工准备情况。

(4)检查并记录现场施工程序、施工工艺等实施过程情况,发现施工不规范行为和质量隐患,及时指示承包人改正,并向监理工程师或总监理工程师报告。

(5)对所监理的施工现场进行定期或不定期的巡视检查,依据监理实施细则实施旁站监理和跟踪检测。

(6)协助监理工程师预审分部工程或分部工程部分工作的开工申请报告、施工措施计划、施工质量缺陷处理措施计划。

(7)核实工程计量结果,检查和统计计日工情况。

(8)检查、监督工程现场的施工安全和文明施工措施的落实情况,发现异常情况及时指示承包人纠正违规行为,并向监理工程师或总监理工程师报告。

(9)检查承包人的施工日志和现场实验室记录。

(10)核实承包人质量评定的相关原始记录。

(11)填写监理日记,依据总监理工程师或监理工程师授权填写监理日志。

2.4.5　施工单位岗位工作制度

2.4.5.1　项目经理

施工单位项目经理的职责如下：

(1)贯彻执行国家法律法规、规章制度和标准,建立健全安全生产责任制,组织制定安全生产管理制度、安全生产目标计划、生产安全事故应急救援预案。

(2)保证安全生产费用的足额投入和有效使用。

(3)组织安全教育和培训,依法为从业人员办理保险。

(4)组织编制、落实安全技术措施和专项施工方案。

(5)组织危险性较大的单项工程、重大事故隐患治理和特种设备验收。

(6)组织事故应急救援演练。

(7)组织安全生产检查,制定隐患整改措施并监督落实。

(8)及时、如实报告生产安全事故,组织生产安全事故现场保护与抢救工作,组织、配合事故的调查等。

2.4.5.2　技术负责人

施工单位技术负责人的职责如下：

（1）组织施工组织设计、专项工程施工方案、重大事故隐患治理方案的编制和审查。

（2）参与制定安全生产管理规章制度和安全生产目标管理计划。

（3）组织工程安全技术交底。

（4）组织事故隐患排查、治理。

（5）组织项目施工安全重大危险源的识别、控制和管理。

（6）参与或配合生产安全事故的调查等。

2.4.5.3　专职安全员

施工单位专职安全员的职责如下：

（1）组织或参与制定安全生产各项管理规章制度，操作规程和生产安全事故应急救援预案。

（2）协助施工单位主要负责人签订安全生产目标责任书，并进行考核。

（3）参与编制施工组织设计和专项施工方案，制定并监督落实重大危险源安全管理和重大事故隐患治理措施。

（4）协助项目负责人开展安全教育培训、考核。

（5）负责安全生产日常检查，建立安全生产管理台账。

（6）制止和纠正违章指挥、强令冒险作业、违反操作规程和劳动纪律的行为。

（7）编制安全生产费用使用计划并监督落实。

（8）参与或监督班前安全活动和安全技术交底。

（9）参与事故应急救援演练。

（10）参与安全设施设备、危险性较大的单项工程、重大事故隐患治理验收。

（11）及时报告生产安全事故，配合调查处理。

（12）负责安全生产管理资料收集、整理和归档等。

2.4.5.4　班组长

施工单位班组长的职责如下：

（1）执行国家法律法规、规章制度、标准和安全操作规程，掌握班组人员的健康状况。

（2）组织学习安全操作规程，监督个人劳动保护用品的正确使用。

（3）负责安全技术交底和班前教育。

（4）检查作业现场安全生产状况，及时发现纠正的问题。

（5）组织实施安全防护、危险源管理和事故隐患治理等。

2.4.6　第三方检测岗位工作制度

第三方检测人员负责编制试验检测设备安全使用操作规程。

2.5 人员行为

2.5.1 工作行为标准化

参建单位的管理人员和从业人员的工作行为必须符合相关规定(详见附录D)。

2.5.2 个人着装及标志佩戴标准化

进入施工现场时,参建单位的管理人员和从业人员必须正确的穿戴工作服和工作证。从业人员还应配备反光背心(详见附录F)。

2.5.3 个人安全防护标准化

进入施工现场时,参建单位的管理人员和从业人员必须正确穿戴必要的劳动防护用品。

2.5.4 施工作业人员行为标准化

凡是从事水利水电土建施工及机电设备安装、运行、维修、金属加工、电气作业、起重运输等的作业人员,其行为标准应按照《水利水电工程施工作业人员安全操作规程》(SL 401—2007)执行。

第3章 管理场所标准化

3.1 项目法人驻地

3.1.1 围墙

围墙应设置通透型护栏围墙,墙高不低于 185 cm,基础高不低于 25 cm。

3.1.2 大门

大门宜采用自动伸缩门或铁艺门,净宽 6~8 m。门口设置警卫室,并配有专职门卫。

3.1.3 院落

院落按照功能划分为办公区、生活区、停车场、绿化带等。院内地面除绿化区外,宜用厚度不小于 15 cm、强度不低于 C20 的混凝土硬化。消防通道宽度不小于 4 m。

3.1.4 停车位

停车位应划白线标示,线宽 12 cm。直停车位宽 2.5 m,长 5.3 m;斜停车位宽 2.8 m,长 6 m,倾斜角度 60°。

3.1.5 房屋建筑

办公和服务用房使用面积参照《党政机关办公用房建设标准》执行(详见附录 H)。

3.1.6 房屋内设施设备配置

(1)办公室:应配置电脑、打印机、办公桌椅、资料柜、沙发、茶几、饮水机等。主要管理人员办公桌尺寸应为 1800 mm×800 mm×700 mm,普通职员办公桌尺寸应为 1400 mm×600 mm×700 mm。

(2)会议室:应配置会议桌椅、投影仪、资料柜、饮水机等。

（3）党建活动室：按照有场所、有设施、有标志、有党旗、有书报、有制度的"六有"标准建设，应配置党旗、党的宗旨和入党誓词（分别在党旗左右两边）、桌椅、投影仪（视频播放设备）、报刊阅览架、饮水机等。

（4）娱乐室：宜配置报刊、棋牌、乒乓球台等。

（5）食堂：应根据就餐人数配备足够数量的厨具、餐具、消毒器具等用品，就餐区应配置密封式泔水桶。

（6）宿舍：应设置床铺、桌椅、衣橱、鞋柜、挂衣架、饮水机等。床铺尺寸不小于2000 mm×1000 mm（长×宽），衣橱和挂衣架宜每人一个。

（7）淋浴间：应设置热水器、储衣柜或挂衣架，推荐采用太阳能、空气能等新能源系统。

3.2 施工单位管理场所

3.2.1 围墙

围墙应设置通透型护栏围墙，墙高不低于185 cm，基础高不低于25 cm。

3.2.2 大门

大门宜采用自动伸缩门或铁艺门，净宽为6 m或8 m，净高不小于5 m，门柱截面尺寸不小于0.8 m×0.8 m。门架结构、基础应经设计计算，确保结构安全；选用合适材料，确保坚固耐用。门柱及门楣采用彩钢板或铝塑板饰面，颜色以蓝色为主。门楣上设企业标志、名称及承建项目名称，两侧门柱可设立企业标语或宣传口号，字体为宋体，颜色为白色。

3.2.3 院落

院落按照功能划分为办公区、生活区、停车场、绿化带等。院内地面除绿化区外，宜用厚度不小于15 cm、强度不低于C20的混凝土硬化。消防通道宽度不小于4 m。

3.2.4 停车位

停车位应划白线标示，线宽12 cm。直停车位宽2.5 m，长5.3 m；斜停车位宽2.8 m，长6 m，倾斜角度为60°。

3.2.5 排水沟

场地四周设置暗沟形式（宽30 cm、深40 cm）的砖砌排水沟，每隔6 m设一道分缝，表面采用M10砂浆抹面。

3.2.6　安全讲评台

安全讲评台的尺寸宜为 500 cm×270 cm,高度宜为 20 cm,采用强度不低于 C20 的混凝土浇筑;背景墙尺寸宜为 500 cm×240 cm(长×高);图牌框架采用 40 cm×40 cm×2 mm 的方钢,表面采用彩钢板或铝塑板饰面,并用喷绘布覆盖。

3.2.7　灭鼠屋、捕蝇笼

灭鼠屋、捕蝇笼应由专人负责管理、投放药品,并在设置处张贴警示标志和编号。

3.2.8　房屋建筑

(1)自建房屋宜建设彩钢板房,房屋材料应选用 A 级阻燃材料、厚度不小于 10 cm 岩棉夹心板材,房屋立柱、圈梁和地梁采用 80 mm×40 mm C 型钢;檩条采用 60 mm×40 mm C 型钢,并用间距 200 mm 的铝铆钉连接成整体;地面连接采用膨胀螺栓。

(2)房屋基础根据地基承载力确定,用强度不低于 C20 的混凝土进行浇筑。

(3)每间房屋尺寸不小于 3.64 m×5.62 m,房间净高不低于 2.6 m,双坡屋顶坡度不小于 5%,单面坡屋顶坡度一般是 3%～15%。

(4)房屋地面要进行硬化处理,内外地坪宜相差不少于一步台阶(20 cm)。

(5)房屋搭建不宜超过两层,每组不宜超过 10 栋,组与组之间的距离不小于 8 m,栋与栋之间的距离不小于 4 m。

(6)办公室人均办公面积不小于 5 m²,办公室不得同时兼做宿舍。

(7)会议室应设置两个门,向外开启,以同时容纳 10～30 人开会且面积不小于 30～60 m² 为宜。

(8)党建活动室可根据自身情况与会议室合并使用,提高场地利用率。

3.2.9　房屋内设施设备配置

(1)办公室:应配置电脑、打印机、办公桌椅、文件柜、饮水机、300 M 以上光纤宽带等。项目负责人办公室内还应配置沙发、茶几等用品。项目负责人办公桌尺寸宜为 140 cm×60 cm×70 cm,普通职员办公桌尺寸宜为 120 cm×60 cm×70 cm。文件柜宜采用双层对开门铁皮文件柜,尺寸为 85 cm×39 cm×180 cm。

(2)会议室:应配置会议桌椅、投影仪、资料柜、1 m² 左右的写字板、饮水机等。会议室宜安装 LED 显示屏,可输入与会议主题相关的内容,便于留存记录会议主题的影像资料等。

(3)党建活动室:按照有场所、有设施、有标志、有党旗、有书报、有制度的“六有”标准建设,应配置党旗、党的宗旨和入党誓词(分别在党旗左右两边)、桌椅、投影仪(视频播放设备)、报刊阅览架、饮水机等。

(4)娱乐室:宜配置报刊、棋牌、乒乓球台等。

(5)食堂:与办公和生活用房分离,应设置独立的操作间、储藏间和燃气罐存放间。操作间应设置机械排风和消毒设施、冲洗池(不锈钢材质,外径尺寸不小于 50 cm×50 cm×55 cm)、清洗池(不锈钢材质,外径尺寸不小于 50 cm×50 cm×60 cm)、消毒池(不锈钢材质,外径尺寸不小于 70 cm×70 cm×80 cm)、隔油池(不锈钢材质,地埋式,三级油水分离,外径尺寸不小于 60 cm×40 cm×30 cm)。厨具、餐具、消毒器具应根据就餐人数配备,就餐区应配置密封式泔水桶。

(6)宿舍:应设置单人床铺、桌椅、衣橱、鞋柜、挂衣架、饮水机等。层铺的搭设不应超过 2 层,床铺尺寸不小于 2000 mm×1000 mm,衣橱和挂衣架宜每人一个。

(7)厕所:应设置自动水冲式或移动式厕所,分男女,厕位与人的比例不少于 1∶20。厕所蹲便器间距不应小于 900 mm,蹲位之间宜设置隔板,隔板高度不宜低于 900 mm,地面应做硬化和防滑处理。

(8)盥洗室:应设置盥洗池和水龙头。水龙头与人的比例宜为 1∶20,水龙头间距不宜小于 700 mm,地面应进行硬化和防滑处理。

(9)淋浴间:应设置热水器、储衣柜或挂衣架,淋浴间距不宜小于 1000 mm,地面应进行硬化和防滑处理。推荐采用太阳能、空气能等新能源系统。

(10)防疫隔离室:应设置单人床铺、体温计、纱布、酒精、桌椅、痰盂、急救药品等。

3.3 监理单位管理场所

自有房屋参照项目法人配置,自建房屋参照施工单位配置。

3.4 工程驻地

工程驻地建设标准详见附录 H。

第4章 安全生产标准化

4.1 目标职责

4.1.1 目标管理制度

4.1.1.1 安全生产目标管理制度基本要求

(1)要素齐全。目标管理制度中要素应齐全,应包含制定、分解、实施、检查和考核等目标管理工作的全部内容。

(2)职责明确。制度中对目标制定、分解、实施、检查、考核的实施部门(人员)和监督检查部门(人员)职责应明确、清晰。

(3)可操作性强。

(4)制度中对工作涉及的内容应明确要求。例如,目标管理制度中要求进行安全生产目标考核,但未对目标考核工作提出明确要求,会使考核工作不能有效开展。

(5)制度中各项工作要求应具体、明确。例如,制度中对目标检查和考核周期规定的不明确或者不合理,会导致不能有效监督、检查目标完成情况,对可能出现的目标偏差不能及时调整目标实施计划。

4.1.1.2 文件及记录

文件及记录应注意以下几点:

(1)安全生产目标管理制度应以正式文件形式发布。

(2)项目法人还应提供监督、检查各参建单位开展此项工作的记录和督促落实工作记录。

4.1.2 目标的制定

4.1.2.1 目标的制定方式

各参建单位的安全生产总目标和年度目标应分别在单位的安全生产中长期规划和

年度计划中得以体现。制定目标首先要制定中长期规划及年度安全生产计划。通过制定长期规划及年度安全生产计划，详细描述安全管理工作的目标是什么、通过何种措施保证目标的实现，使安全管理工作能井然有序、有条不紊地进行。年度安全生产计划不仅是组织、指挥、协调的前提和准则，而且与管理控制活动紧密相连。

(1)安全生产目标的制定：安全生产目标是指建设项目安全生产管理工作预期达到的效果。各参建单位应根据相关要求及企业实际情况，制定出全面、具体、切实可行的安全生产管理目标。

(2)安全生产目标的基本内容：安全生产目标通常应包含安全生产管理目标。各参建单位应制定事故控制目标、隐患治理目标、职业健康目标和安全生产管理目标等四个目标。事故控制目标包括生产安全事故、重大交通责任事故、火灾责任事故等内容；隐患治理目标包括一般及重大事故隐患的排查率和治理率等内容；安全生产管理目标包括安全投入、教育培训、规章制度、设施设备、警示标志、应急管理、危险源辨识、职业健康管理、人员资格管理、风险管控等内容。

4.1.2.2 项目法人的安全生产目标

项目法人应制定建设项目周期内安全生产总目标和年度目标，并印发至各参建单位，各参建单位在制定自身目标时应与项目法人的安全生产目标保持协调一致。同时，项目法人还应制定本单位安全生产总目标和年度目标。

4.1.2.3 施工单位的安全生产目标

施工单位应制定安全生产总目标和安全生产年度目标。所承担的工程建设工期超过一年的，施工单位应根据企业年度目标、项目法人要求和地方政府要求，制定项目周期内的总目标。施工单位在向各个项目部分解安全生产目标时，应考虑各项目部的实际情况，根据工程规模、复杂程度、安全风险程度等因素综合考虑，各个项目部安全生产目标不宜千篇一律。

4.1.2.4 安全生产目标内容

安全生产目标应包含以下内容：

(1)生产安全事故控制目标。

(2)安全生产投入目标。

(3)安全生产教育培训目标。

(4)生产安全事故隐患排查治理目标。

(5)重大危险源监控目标。

(6)应急管理目标。

(7)文明施工管理目标。

(8)人员、机械、设备、交通、火灾、环境和职业健康等方面的安全管理控制指标。

安全生产总目标与年度目标应协调一致，二者之间不应出现目标不一致或者指标值有冲突的情况。

4.1.2.5 安全生产目标制度原则

安全生产目标控制指标应合理,目标应具有适用性和挑战性且易于评价,应符合以下几项原则:

(1)符合原则。符合有关法律法规及上级单位管理要求。

(2)持续进步原则。当前目标应比以前的高,但也要切实际,能实现。

(3)三全原则。目标要覆盖全员、全过程、全方位。

(4)可测量原则。目标应是可以量化测量的,可以实现考核的。

(5)重点原则。目标应突出重点、难点工作。

4.1.2.6 文件及记录

文件及记录应包含以下内容:

(1)以正式文件形式发布的中长期安全生产工作规划。

(2)以正式文件形式发布的年度安全生产工作计划。

(3)以正式文件形式发布的安全生产总目标(可包含在中长期安全生产工作规划中)。

(4)年度安全生产目标(可包含在年度安全生产工作中)。

(5)项目法人和施工企业项目部制定的所承担项目周期内的安全生产工作规划及安全生产总目标。

(6)项目法人提供的监督检查各参建单位开展目标制定的记录和督促落实工作的记录。

4.1.3 目标分解

4.1.3.1 基本要求

(1)目标分解包括分解总目标和年度目标。

(2)目标分解应覆盖全员、全过程、全方位。项目法人应将项目的安全生产目标发送至各参建单位,并根据承包合同约定签订安全生产协议书。

(3)目标分解应与管理职责相适应。目标分解前,首先应确定各部门(项目法人及各参建单位)所承担的安全管理职责,根据职责分担所对应的工作目标。

4.1.3.2 文件及记录

文件及记录应包含以下内容:

(1)以正式文件形式的总目标、年度目标的分解文件。

(2)项目法人提供的监督检查各参建单位开展目标分解的记录和督促落实工作的记录。

4.1.4 安全生产责任书

4.1.4.1 基本要求

(1)安全生产责任书签订应全覆盖。安全生产管理所涉及的部门、所属单位均应逐级签订安全生产责任书,做到"安全生产人人有责,事事有人负责",不应出现遗漏。项目法人与各参建单位之间应签订安全生产协议书。

(2)责任(协议)书中的安全生产目标应与分解的目标一致。责任书(协议)起草时,应根据各部门(参建单位)所承担的目标及职责编写。

(3)责任书(协议)中应有目标保证措施。保证措施应由责任部门、人员提出。各责任部门人员根据所分解的安全管理目标和承担的安全管理职责,制定可量化的目标管措施(计划),以保证目标完成。

4.1.4.2 文件及记录

文件及记录应包含以下内容:

(1)安全生产目标实施情况检查、评估记录。

(2)目标实施计划的纠偏、调整文件(如发生)。

(3)项目法人提供的监督检查各参建单位开展此项工作的记录和督促落实工作记录。

4.1.5 安全生产目标的考核

4.1.5.1 基本要求

(1)明确考核周期。

(2)奖惩应以考核结果为依据。

(3)项目法人对各参建单位的目标完成情况进行检查、考核时,应根据工程承包合同或安全生产管理协议约定的内容,检查合同义务的履行情况,并依据合同约定进行检查、考核。

4.1.5.2 文件及记录

文件及记录应包含以下内容:

(1)考核记录。

(2)奖惩记录。

(3)项目法人提供的监督检查各参建单位开展此项工作的记录和督促落实工作记录。

4.1.6　机构与职责

4.1.6.1　安全生产委员会基本要求

(1)各参建单位应落实安全生产组织领导机构,成立安全生产委员会(安全生产领导小组),安全生产委员会简称"安委会"。

(2)安委会(安全生产领导小组)人员应包括各参建单位主要负责人、其他负责人和所属单位(二级单位)和部门(二级单位)的主要负责人。施工企业项目部的安全领导小组应包括项目部所属部门、班组及分包单位的现场负责人。

(3)各参建单位的主要负责人担任本单位的安委会主任。根据《企业安全生产责任体系五落实五到位规定》的要求,生产经营单位必须落实安全生产组织领导机构,成立安全生产委员会,并由董事长或总经理担任主任。生产经营单位必须落实"党政同责"要求,董事长、党委书记、总经理对本企业安全生产工作共同承担领导责任。

(4)项目法人单位的安委会应按照相关规定成立。《水利水电工程施工安全管理导则》(SL 721—2015)规定,水利水电工程建设项目应设立由项目法人牵头组建的安全生产领导小组,项目法人主要负责人担任组长,分管安全的负责人以及设计、监理、施工等单位现场机构的主要负责人为成员。

(5)安委会主要职责如下:①贯彻落实国家有关安全生产的法律法规、规章制度和标准,制定项目安全生产总体目标、年度安全目标及安全生产目标的管理计划。②组织制定项目安全生产管理制度,并落实。③组织编制保证安全生产的措施方案和蓄水安全鉴定的工作方案。④协调解决项目安全生产工作中的重大问题。

4.1.6.2　文件及记录

文件及记录应包含以下内容:
(1)以正式文件发布的安委会成立文件。
(2)以正式文件发布的安委会调整文件。
(3)项目法人提供的监督检查各参建单位开展此工作的记录和督促落实工作的记录。

4.1.7　事故管理安全生产和职业健康管理机构

4.1.7.1　基本要求

《中华人民共和国安全生产法》第二十四条规定,矿山、金属冶炼、建筑施工、运输单位和危险物品的生产、经营、储存、装卸单位,应当设置安全生产管理机构或者配备专职安全生产管理人员。前款规定以外的其他生产经营单位,从业人员超过 100 人的,应设置安全生产管理机构或配备专职安全生产管理人员;从业人员在 100 人以下的,应当配备专职或兼职的安全生产管理人员。

《中华人民共和国职业病防治法》第二十条规定,设置或者指定职业卫生管理机构或者组织,配备专职或者兼职的职业卫生管理人员,负责本单位的职业病防治工作。

4.1.7.2 安全生产管理机构及安全生产管理人员的职责

(1)组织或参与拟定本单位安全生产规章制度、操作规程和生产安全事故应急救援预案。

(2)组织或参与本单位安全生产教育和培训,如实记录安全生产教育和培训情况。

(3)组织开展危险源辨识和评估,督促落实本单位重大危险源的安全管理措施。

(4)组织或参与本单位应急救援演练。

(5)检查本单位的安全生产状况,及时排查生产安全事故隐患,提出改进安全生产管理的建议。

(6)制止和纠正违章指挥、强令冒险作业、违反操作规程的行为。

(7)督促落实本单位安全生产整改措施。

4.1.7.3 专职安全员要求

(1)建筑施工总承包资质序列企业:特级资质企业的专职安全员不少于 6 人,一级资质企业的专职安全员不少于 4 人,二级和二级以下资质企业的专职安全员不少于 3 人。

(2)建筑施工专业承包资质序列企业:一级资质企业的专职安全员不少于 3 人,二级和二级以下资质企业的专职安全员不少于 2 人。

(3)建筑施工劳务分包资质序列企业:专职安全员不少于 2 人。

(4)建筑施工单位的分公司、区域公司等较大的分支机构应依据实际生产情况配备不少于 2 人的专职安全员。

4.1.7.4 总承包项目专职安全员要求

总承包项目专职安全生产管理人员应满足:

(1)建筑工程、装修工程按照建筑面积配备专职安全员。

(2)10 000 m² 以下工程的专职安全员不少于 1 人。

(3)10 000~50 000 m² 工程的专职安全员不少于 2 人。

(4)50 000 m² 及以上工程的专职安全员不少于 3 人,且按专业配备专职安全员。

4.1.7.5 土木工程、线路管道、设备安装工程要求

土木工程、线路管道、设备安装工程按照工程合同价配备专职安全员。

(1)5000 万元以下工程的专职安全员不少于 1 人。

(2)5000 万~1 亿元工程的专职安全员不少于 2 人。

(3)1 亿元及以上工程的专职安全员不少于 3 人,且按专业配备专职安全员。

4.1.7.6 分包单位专职安全员要求

分包单位配备专职安全员应满足:

（1）专业承包单位应配置至少1名专职安全员，并根据所承担的分部分项工程的工程量和施工危险程度增加。

（2）劳务分包单位施工人员在50人以下的，应当配备1名专职安全员；50～200人的，应当配备2名专职安全员；200人及以上的，应当配备3名及以上专职安全员，并根据所承担的分部分项工程施工危险实际情况增加，不得少于工程施工人员总人数的5‰。

（3）此外，施工单位的现场项目部还应加强对分包单位专职安全员配备情况进行监督检查。

（4）项目法人安全管理机构设置及专职安全员配备按照有关规定执行。根据《水利安全生产标准化评审标准》和《水利水电工程施工安全管理导则》（SL 721—2015）的规定，项目法人应设置专门的安全生产管理机构，配备专职的安全生产管理人员。同时，项目法人也要监督检查各参建单位现场安全管理机构及专职安全员的配备情况是否符合相关规定。项目法人安全生产管理机构的主要职责是：

①组织制定项目安全生产管理制度、安全生产目标以及保证安全生产的措施方案，建立健全安全生产责任制。

②组织审查重大安全技术措施。

③审查施工单位安全生产许可证及有关人员的执业资格。

④监督检查施工单位安全生产费用使用情况。

⑤组织开展安全检查，组织召开安全例会，组织年度安全考核、评比，提出安全奖惩的建议。

⑥负责日常安全管理工作，做好施工重大危险源、重大生产安全事故隐患及事故统计、报告工作，建立安全生产档案。

⑦负责办理安全监督手续。

⑧协助各单位进行生产安全事故调查处理工作。

⑨监督检查监理单位的安全监理工作。

⑩负责安全生产领导小组的日常工作等。

（5）安全生产管理人员的资格：①施工企业的"三类人员"按有关规定必须持安全生产考核合格证上岗。②项目法人单位与水管单位的主要负责人及安全管理人员根据《中华人民共和国安全生产法》的相关规定，应经过安全生产教育培训并考核合格，具备与本单位所从事的生产经营活动相应的安全生产知识和管理能力。

4.1.7.7 文件及记录

文件及记录应包含以下内容：

（1）安全生产管理机构、职业健康管理机构成立的文件。

（2）安全生产专（兼）职人员配备文件（可与机构文件合并）及相关人员的证件（如施工企业三类人员的"A""B""C"证书）。

（3）项目法人提供的监督检查各参建单位开展此项工作的记录和督促落实工作的记录。

4.1.8　安全生产责任制度

4.1.8.1　基本要求

（1）生产经营单位应当建立"纵向到底、横向到边"的全员安全生产责任制。安全生产责任制应当做到"三定"，即定岗位、定人员、定安全责任。根据岗位的实际情况，确定相应的人员，明确岗位职责和相应的安全生产职责，实行"一岗双责"。

（2）《中华人民共和国安全生产法》第二十二条规定，生产经营单位的全员安全生产责任制应当明确各岗位的责任人员、责任范围和考核标准等内容。生产经营单位应当建立相应的机制，加强对全员安全生产责任制落实情况的监督考核，保证全员安全生产责任制的落实。

（3）《中华人民共和国职业病防治法》第五条规定，用人单位应当建立健全职业病防治责任制，加强对职业病防治的管理，提高职业病防治水平，对本单位产生的职业病危害承担责任。

（4）《国务院安委会办公室关于全面加强企业全员安全生产责任制工作的通知》指出，企业全员安全生产责任制是由企业根据安全生产法律法规和相关标准要求，在生产经营活动中，根据企业岗位的性质、特点和具体工作内容，明确所有层级、各类岗位从业人员的安全生产责任，通过加强教育培训、强化管理考核和严格奖惩等方式，建立起安全生产工作"层层负责、人人有责、各负其责"的工作体系。

（5）生产经营单位在制定安全生产责任制时应注意以下几点：

①责任制内容应全面完整。生产经营单位应按照《中华人民共和国安全生产法》和《中华人民共和国职业病防治法》等法律法规规定，参照《企业安全生产标准化基本规范》和《企业安全生产责任体系五落实五到位规定》等有关要求，结合单位自身实际，明确从主要负责人到一线从业人员（含劳务派遣人员、实习学生等）的安全生产责任、责任范围和考核标准。安全生产责任制应覆盖本单位所有组织和岗位，其责任内容、范围、考核标准要简明扼要、清晰明确、便于操作、适时更新。一线从业人员的安全生产责任制，要力求通俗易懂。

生产经营单位制定的安全生产责任制应满足："横向到边"，即覆盖申请单位全部部门（二级单位）；"纵向到底"，即覆盖各级管理人员，不应出现遗漏，不得缺少安委会或安全领导小组的职责；明确安全生产责任制的考核要求，努力实现"一企一标准，一岗一清单"，形成可操作、能落实的制度措施。

②责任制应合规。生产经营单位制定的安全生产责任制必须符合法律法规的要求，重要岗位（部门）的职责应符合国家相关法律法规、标准、规范的强制性规定。《中华人民共和国安全生产法》对于生产经营单位的主要负责人、安全管理机构（安全管理人员）和

工会等的安全管理职责,进行了明确规定。各单位在编制责任制时,涉及上述人员和部门的职责必须符合《中华人民共和国安全生产法》相关规定。

(6)生产经营单位的工会依法组织职工参加本单位安全生产工作的民主管理和民主监督,维护职工在安全生产方面的合法权益。生产经营单位制定或者修改有关安全生产的规章制度时,应当听取工会的意见。

(7)关于生产经营单位主要负责人的安全生产职责,《中华人民共和国安全生产法》第二十一条规定,生产经营单位的主要负责人对本单位安全生产工作负有下列职责:

①建立健全并落实本单位安全生产责任制,加强安全生产标准化建设。

②组织制定并实施本单位安全生产规章制度和操作规程。

③组织制定并实施本单位安全生产教育和培训计划。

④保证本单位安全生产投入的有效实施。

⑤组织建立并落实安全风险分级管控和隐患排查治理双重预防工作机制,督促、检查本单位的安全生产工作,及时消除生产安全事故隐患。

⑥组织制定并实施本单位的生产安全事故应急救援预案。

⑦及时、如实报告生产安全事故。

(8)关于生产经营单位安全管理机构及安全生产管理人员的安全生产职责,《中华人民共和国安全生产法》第二十五条规定,生产经营单位的安全生产管理机构以及安全生产管理人员履行下列职责:

①组织或者参与拟订本单位安全生产规章制度、操作规程和生产安全事故应急救援预案。

②组织或者参与本单位安全生产教育和培训,如实记录安全生产教育和培训情况。

③组织开展危险源辨识和评估,督促落实本单位重大危险源的安全管理措施。

④组织或者参与本单位应急救援演练。

⑤检查本单位的安全生产状况,及时排查生产安全事故隐患,提出改进安全生产管理的建议。

⑥制止和纠正违章指挥、强令冒险作业、违反操作规程的行为。

⑦督促落实本单位安全生产整改措施。

(9)生产经营单位要建立健全安全生产责任制,具体要求如下:

①责任匹配。

②安全生产责任制应体现"一岗双责、党政同责"的基本要求,各部门(二级单位)、岗位人所承担的安全生产责任应与其自身职责相适应。

③责任制公示。《国务院安委会办公室关于全面加强企业全员安全生产责任制工作的通知》要求,企业应对全员安全生产责任制进行公示,公示的内容主要包括所有层级、所有岗位的安全生产责任、安全生产责任范围、安全生产责任考核标准等。

④安全生产责任制教育培训。生产经营单位主要负责人应指定专人组织制定并实

施本企业全员安全生产教育和培训计划。生产经营单位应将全员安全生产责任制教育培训工作纳入安全生产年度培训计划,并通过自行组织或委托具备安全培训条件的中介服务机构等实施。生产经营单位要通过教育培训,提升所有从业人员的安全技能,培养良好的安全习惯;要建立健全教育培训档案,并如实记录安全生产教育和培训情况。

⑤全员安全生产责任制考核管理。生产经营单位应建立健全安全生产责任制管理考核制度,对全员安全生产责任制落实情况进行考核管理;要建立健全激励约束机制,不断激发全员参与安全生产工作的积极性和主动性。

⑥项目法人单位责任制管理。项目法人作为工程建设项目的组织者,对工程建设质量、投资、进度、安全负总责。除建立自身安全生产责任制外,项目法人还应在承包合同(或安全协议)中明确各参建单位安全生产责任制,责任制应符合《建设工程安全生产管理条例》(国务院令第 393 号)和《水利工程建设安全生产管理规定》(水利部令第 26 号)的有关要求。

4.1.8.2　文件及记录

文件及记录应包含以下内容:

(1)以正式文件发布的安全生产责任制。

(2)项目法人提供的各参建单位安全责任制清单、检查各参建单位开展此项工作的记录和督促落实工作的记录。

4.1.9　安全生产委员会(安全生产领导小组)会议

4.1.9.1　基本要求

(1)为保证生产经营单位安全管理最高议事机构工作实现常态化,《水利安全生产标准化评审标准》要求安委会(安全生产领导小组)召开会议的频次不应低于每季度一次。

(2)安委会(安全生产领导小组)是单位(包括二级单位)的最高议事机构,在召开会议过程中应对单位安全管理工作进行分析、研究、部署、跟踪以及落实,处理重大安全管理问题。例如,安全生产目标、安全生产责任制的制定,安全生产风险分析,安全生产考核奖惩及其他重大事项,日常安全管理工作中的细节问题不宜作为会议的主题。

(3)针对每次会议中提出的需要解决、处理的问题,除在会议纪要中进行记录外,还应在会后责成责任部门制定整改措施,并监督落实情况。在下次会议时,对上次会议提出问题的整改措施及落实情况进行监督反馈,实现闭环管理。

(4)会议记录资料应齐全、成果格式规范。通常每次召开会议时都应收集整理会议通知、会议签到、会议记录、会议音像等资料,会后应形成会议纪要,会议纪要应符合公文写作格式的要求。

4.1.9.2　文件及记录

文件及记录应包含以下内容:

(1)安委会(安全生产领导小组)会议纪要。

(2)跟踪落实安委会(安全生产领导小组)会议纪要相关要求的措施及实施记录。

(3)项目法人提供的监督检查各参建单位开展此项工作的记录和督促落实工作的记录。

4.1.10　全员参与

4.1.10.1　基本要求

(1)检查履职情况。生产经营单位应依据责任制度对部门和人员履职情况进行全面、真实的检查,检查其工作记录及工作成果,明确其是否认真尽职履责。例如,施工单位的技术负责人的安全职责中包括了对项目安全技术措施、专项施工方案的审批,检查人员应据此抽查相关工作记录,判断其是否严格执行了此项职责;工会的安全责任制中规定了对企业安全生产进行民主管理和民主监督,检查人员应据此抽查工会的相关工作记录,判断其是否履行了此项职责。

(2)检查范围应全面,不应出现遗漏,并留下检查工作记录,定期对尽职履责的情况进行考核奖惩,保证安全生产职责得到有效落实。在落实责任制过程中,生产经营单位应通过检查、反馈的意见,定期对责任制适宜性进行评估,及时调整与岗位职责、分工不符的相关内容。

(3)建立建言献策机制。生产经营单位应从安全管理体制、机制上营造全员参与安全生产管理的工作氛围,从工作制度、工作习惯和企业文化上予以保证。生产经营单位建立奖励、激励机制,鼓励各级人员对安全生产管理工作积极建言献策,群策群力共同提高安全生产管理水平。

4.1.10.2　文件及记录

文件及记录应包含以下内容:

(1)各部门、各级人员安全生产职责检查记录。

(2)各部门、各级人员安全生产职责考核记录。

(3)激励约束机制或管理办法。

(4)建言献策记录及回复记录。

(5)项目法人提供的监督检查各参建单位开展此项工作的记录和督促落实工作的记录。

4.1.11　安全生产投入

4.1.11.1　基本要求

(1)《中华人民共和国安全生产法》第二十三条规定,生产经营单位应当具备的安全生产条件所必需的资金投入,由生产经营单位的决策机构、主要负责人或者个人经营的投资人予以保证,并对由于安全生产所必需的资金投入不足导致的后果承担责任。

有关生产经营单位应当按照规定提取和使用安全生产费用,专门用于改善安全生产条件。安全生产费用在成本中据实列支。安全生产费用提取、使用和监督管理的具体办法由国务院财政部门会同国务院应急管理部门征求国务院有关部门意见后制定。

(2)安全生产投入是生产经营单位在生产经营过程中防止和减少生产安全事故的重要保障。从众多事故原因分析看出,安全生产资金投入严重不足导致安全设施、设备陈旧甚至带病运转,防灾抗灾能力下降,是事故多发的重要原因之一。

(3)在工程概算、招标文件和承包合同中,项目法人应明确建设工程安全生产措施费,不得删减。

(4)安全生产费用保障制度应明确费用的提取、使用、管理的程序、职责及权限。项目法人应监督检查参建单位制定安全生产费用保障制度。

(5)根据安全生产需要,各参建单位应编制安全生产费用计划,并严格审批程序,建立安全生产费用使用台账。项目法人应监督检查参建单位开展此项工作。

(6)施工单位应按照规定足额提取安全生产费用。在编制投标文件时,施工单位应将安全生产费用列入工程造价。

(7)根据安全生产需要,施工单位应编制安全生产费用使用计划,并严格审批程序,建立安全生产费用使用台账。

(8)《中华人民共和国职业病防治法》第二十一条规定,用人单位应当保障职业病防治所需的资金投入,不得挤占、挪用,并对因资金投入不足导致的后果承担责任。

(9)《建设工程安全生产管理条例》第八条规定,建设单位在编制工程概算时,应当确定建设工程安全作业环境及安全施工措施所需费用。

(10)项目法人安全生产投入计取标准:项目法人单位的安全生产费用提取标准目前无明确要求,应以满足本单位安全生产管理工作需要为前提。项目法人单位的安全生产措施费用计划应包含两个方面:一是项目法人单位安全管理发生的费用,无明确标准,可按实际需要计取,并在建设管理费中列支;二是所承担的建设项目应计取的安全生产措施费用,在编制项目概算时应按《水利工程设计概(估)算编制规定》有关规定计算,在招标及签订承包合同时应足额计入,不得调减,在施工过程中应及时、足额支付。

(11)《水利部关于进一步加强水利建设项目安全设施"三同时"的通知》指出,为保证工程建设施工现场安全作业环境及安全施工需要,在 2014 年颁布的《水利工程设计概(估)算编制规定》(水总〔2014〕429 号)中专门设置了安全措施费。设计单位应按照文件规定在工程投资估算和设计概算阶段科学计算,足额计列安全措施费,保证安全设施建设资金列支渠道。项目建设单位(项目法人)应充分考虑施工现场安全作业的需要,足额提取安全生产措施费,落实安全保障措施,不断改善职工的劳动保护条件和生产作业环境,保证水利工程建设项目配置必要安全生产设施,保障水利建设项目参建人员的劳动安全。各级水行政主管部门要鼓励和支持水利安全生产新技术、新装备、新材料的推广应用。

4.1.11.2 施工企业安全生产投入计取标准

(1)施工企业安全生产投入计取标准应满足《企业安全生产费用提取和使用管理办法》第七条规定。建设工程施工企业以建筑安装工程造价为计提依据，各建设工程类别安全费用提取标准如下：

①房屋建筑工程、水利水电工程、电力工程、铁路工程、城市轨道交通工程为2.0%。

②建设工程施工企业提取的安全费用列入工程造价，竞标时不得删减，不得列入标外管理。国家对基本建设投资概算另有规定的，从其规定。

③总包单位应当将安全费用按比例直接支付分包单位并监督使用，分包单位不再重复提取。

(2)《水利工程设计概(估)算编制规定》规定，安全生产措施费作为建筑安装工程费构成中的其他直接费的一项内容，以基本直接费作为取费基数。该规定还按工程类型规定了相应的取费费率。

(3)施工企业编制投标文件时应根据招标文件要求、企业规章制度及相关规定，在投标文件中列入安全生产措施费用。施工企业所承担的施工项目安全生产措施费用按规定计取，企业管理层面的安全生产管理费用应按实际需要计取。

4.1.11.3 安全生产费用使用范围

(1)项目法人安全生产费用使用范围：安全防护设施、安全技术和劳动保护措施、应急管理、安全检测(鉴定)、安全评价、危险源监控与管理、事故隐患排查治理、安全监督检查、安全教育及安全生产月活动等与安全生产密切相关的各个方面。

(2)施工单位安全生产费用使用范围：安全生产措施费使用范围。

《企业安全生产费用提取和使用管理办法》明确了建筑施工企业安全生产措施费用的九项使用范围，《水利水电工程施工安全管理导则》(SL 721—2015)在《企业安全生产费用提取和使用管理办法》的基础上明确了十项使用范围，分别是：

①完善、改造和维护安全防护设施设备支出(不含"三同时"要求初期投入的安全设施)，包括施工现场临时用电系统、洞口、临边、机械设备、高处作业防护、交叉作业防护、防火、防爆、防尘、防毒、防雷、防台风、防地质灾害、地下工程有害气体监测、通风、临时安全防护等设施设备支出。

②配备、维护、保养应急救援器材、设备支出和应急演练支出。

③开展重大危险源和事故隐患排查、评估、监控和整改支出。

④安全生产检查、评估(不包含新建、改建、扩建项目的安全评估)、咨询和标准化建设支出。

⑤配备和更新现场作业人员安全防护用品支出。

⑥安全生产宣传、教育、培训支出。

⑦适用的安全生产新技术、新标准、新工艺、新装备的推广应用支出。

⑧安全设施及特种设备检测、检验支出。

⑨安全生产信息化建设及相关设备支出。

⑩其他与安全生产相关的支出等。

上述使用范围在工程施工过程中应结合现场安全管理的实际需要进一步细化,工作过程中应检查安全生产费用是否用于安全生产直接相关的内容,是否有超范围使用安全生产费用的情况。

4.1.11.4 安全生产费用使用计划

各类生产经营单位每年应根据需要制定安全生产费用使用计划,按规定履行审批程序。费用计划编制应满足详细、具体、范围准确、符合安全管理实际需要的原则。

(1)项目法人:项目法人安全生产措施费用计划应包含两个方面。一是项目法人单位安全管理发生的费用,无明确标准,可按实际需要计取,并在建设管理费中列支。二是所承担的建设项目应计取的安全生产措施费用,在编制项目概算时应按《水利工程设计概(估)算编制规定》有关规定计算,在招标及签订承包合同时应足额计入,不得调减,在施工过程中应及时、足额支付。

(2)施工单位:施工单位的安全生产费用计划编制应分两个层面。首先是现场项目部应根据工程的年度施工计划及施工部署,分类确定安全生产费用使用的范围、额度等,即计划应具体到在哪些项目上支出,支出的额度是多少。计划编制完成后,应按企业安全生产费用管理制度履行审批手续。其次是企业总部的安全管理费用计划,它应包括所承担全部施工项目的安全生产费用计划和总部本级安全管理发生的费用两部分内容。

4.1.11.5 费用计划的落实

(1)在使用过程中,应本着专款专用的原则,在计划编制符合相关规定(重点是使用范围)的前提下,各类单位严格按计划落实,不得出现超范围使用、与计划出入较大的情况发生。在管理过程中确需调整的,应按程序调整使用计划,履行审批手续。

(2)安全生产费用支出后,应及时收集、汇总使用凭证,并按规定的格式建立费用使用台账,详细记录每笔费用使用情况。使用凭证一般包括发票、工程结算单、设备租赁合同和费用结算单等,并应与台账记录相符。

(3)项目法人应按合同约定,对施工单位安全生产费用使用支付申请进行审定,并及时据实支付。

(4)安全生产费用使用情况应定期检查。生产经营单位要定期检查安全生产费用使用情况。检查的时间及频次应在管理制度中明确,可结合单位组织的其他检查工作一并进行,如在组织的综合检查中增加费用使用情况的内容。每年末应对安全生产费用使用情况进行一次全面的检查、总结和考核工作。重点检查安全生产费用计划的落实情况、使用范围等。总结安全生产措施费用使用过程中是否存在问题,考核安全生产责任制和费用使用制度中相关部门和人员的职责是否得到有效落实。检查、总结和考核材料应系统、全面、真实反映生产经营单位一年来安全生产费用的使用情况,考核工作纳入企业安全生产管理考核体系指标中,以专项报告、财务报告形式记录检查、总结和考核的结果,也可以将其包含在其他年终总结材料中。

4.1.11.6 安全生产费用使用台账

对投入的安全生产费用,按规定建立使用台账,如实、及时记录每笔费用支出使用情况。对于规模较大的生产经营单位,可分级汇总统计。

4.1.11.7 文件及记录

文件及记录应包含以下内容:

(1)以正式文件发布的安全生产投入管理制度。

(2)安全生产投入年度计划及审批记录。

(3)施工单位投标文件。

(4)安全生产费用投入使用台账。

(5)安全生产费用投入使用凭证。

(6)安全生产费用投入使用检查记录。

(7)安全生产费用投入使用总结、考核记录。

(8)项目法人提供的初步设计概算和招标文件,以及监督检查各参建单位开展此项工作的记录和督促落实工作的记录。

4.1.12 保险

4.1.12.1 基本要求

(1)相关保险主要是指工伤保险和意外伤害保险。工伤保险的作用是为了保障因工作遭受事故伤害或者患职业病的职工获得医疗救治和经济补偿。意外伤害保险是指意外伤害所致的死亡和残疾,不包括疾病所致的死亡,投保该险种是为了弥补工伤保险补偿不足的缺口。

(2)《中华人民共和国安全生产法》第五十一条规定,生产经营单位必须依法参加工伤保险,为从业人员缴纳保险费。国家鼓励生产经营单位投保安全生产责任保险;属于国家规定的高危行业、领域的生产经营单位,应当投保安全生产责任保险。具体范围和实施办法由国务院应急管理部门会同国务院财政部门、国务院保险监督管理机构和相关行业主管部门制定。《工伤保险条例》第二条规定,中华人民共和国境内的企业、事业单位、社会团体、民办非企业单位、基金会、律师事务所、会计师事务所等组织和有雇工的个体工商户(以下称"用人单位")应当依照本条例规定参加工伤保险,为本单位全部职工或者雇工(以下称"职工")缴纳工伤保险费。

(3)《中华人民共和国建筑法》第四十八条规定,建筑施工企业应当依法为职工参加工伤保险缴纳工伤保险费。鼓励企业为从事危险作业的职工办理意外伤害保险,支付保险费。《建设工程安全生产管理条例》第三十八规定,施工单位应当为施工现场从事危险作业的人员办理意外伤害保险。意外伤害保险费由施工单位支付。实行施工总承包的,由总承包单位支付意外伤害保险费。意外伤害保险期限自建设工程开工之日起至竣工验收合格止。

(4)《国务院办公厅关于促进建筑业持续健康发展的意见》(国办发〔2017〕19号)强调要建立健全与建筑业相适应的社会保险参保缴费方式,大力推进建筑施工单位参加工伤保险,明确了做好建筑行业工程建设项目农民工职业伤害保障工作的政策方向和制度安排,确保在各类工地上流动就业的农民工依法享有工伤保险保障。

(5)《人社部交通部水利部能源局铁路局民航局关于铁路、公路、水运、水利、能源、机场工程建设项目参加工伤保险工作的通知》(人社部发〔2018〕3号)要求,按照"谁审批,谁负责"的原则,各类工程建设项目在办理相关手续、进场施工前,均应向行业主管部门或监管部门提交施工项目总承包单位或项目标段合同承建单位参加工伤保险的证明,作为保证工程安全施工的具体措施之一。未参加工伤保险的项目和标段,主管部门、监管部门要及时督促整改,及时补办参加工伤保险手续,杜绝"未参保,先开工"甚至"只施工,不参保"现象。各级行业主管部门、监管部门要将施工项目总承包单位或项目标段合同承建单位参加工伤保险情况纳入企业信用考核体系,未参保项目发生事故造成生命财产重大损失的,责成工程责任单位限期整改,必要时可对总承包单位或标段合同承建单位启动问责程序。

(6)施工项目总承包单位或项目标段合同承建单位应当在工程项目施工期内督促专业承包单位、劳务分包单位建立职工花名册、考勤记录、工资发放表等台账,对项目施工期内全部施工人员实行动态实名制管理。施工人员发生工伤后,以劳动合同为基础确认劳动关系,对未签订劳动合同的,由人力资源社会保障部门参照工资支付凭证或记录、工作证、招工登记表、考勤记录及其他劳动者证言等证据,确认事实劳动关系。

4.1.12.2 文件及记录

文件及记录应包含以下内容:

(1)员工花名册、考勤记录、工资发放表。

(2)员工工伤保险、意外伤害保险清单及凭证。

(3)受伤工伤认定决定书、工伤伤残等级鉴定书等员工保险待遇档案记录。

(4)企业缴纳工伤保险凭证。

(5)保险理赔凭证。

4.1.13 安全文化建设

4.1.13.1 基本要求

企业安全文化是企业在实现企业宗旨、履行企业使命而进行的长期管理活动和生产实践过程中,积累形成的全员性安全价值观或安全理念、员工职业行为中所体现的安全性特征,以及构成和影响社会、自然、企业环境、生产秩序的企业安全氛围等的总和。

企业要建设好企业安全文化,必须做到以下几点:

(1)真正建设好企业安全文化,并不断推动其发展,不能仅停留在对安全文化理念的空洞宣教上,也不能仅着眼于局部的、个别的文化形式,企业安全文化建设问题应该作为一个系统工程常抓不懈。

(2)确立本单位安全生产和职业病危害防治理念及行为准则,并教育、引导全体人员贯彻执行。

(3)制定安全文化建设规划和计划,开展安全文化建设活动。

4.1.13.2 安全生产管理理念

安全生产管理理念包括:

(1)所有安全事故都可以预防。

(2)各级管理层对各自的安全直接负责。

(3)所有危险隐患都可以控制。

(4)安全是被雇佣的条件之一。

(5)员工必须接受严格的安全培训。

(6)各级主管必须进行安全审核。

(7)发现不安全因素必须立即纠正。

(8)工作外的安全和工作中的安全同样重要。

(9)良好的安全等于良好的业绩。

(10)安全工作以人为本。

4.1.13.3 长期建设

(1)生产经营单位安全文化建设是一项长期性、系统性的工程,非一朝一夕、举办几次活动就能达到的。安全意识的提高是一个潜移默化的过程。因此,生产经营单位要编制安全文化建设的长期规划(可结合企业文化建设和中长期安全生产规划等工作一并开展),明确安全文化建设的目标、实现途径、采取的方法等内容,各级管理者应对安全承诺的实施起到示范和推进作用,形成严谨的制度化、规范化工作方法,营造有益于安全的工作氛围,培育重视安全的工作态度。

(2)生产经营单位每年的安全生产工作计划中应包括安全文化建设的计划(也可单独编制),结合国家、行业和企业自身情况,策划丰富多彩、寓教于乐的安全文化活动,使安全生产深入人心,形成良好的工作习惯。

4.1.13.4 管理者示范

企业安全文化建设关键在于各级管理者的带头示范作用,因此《水利安全生产标准化评审标准》中要求企业主要负责人应参加企业文化活动。企业应在工作过程中收集安全文化建设活动的档案资料,并对企业主要负责人参加相关活动进行记录。

4.1.13.5 文件及记录

文件及记录应包含以下内容:

(1)防治理念及行为准则:①安全生产文化和职业病危害防治理念。②安全生产文化和职业病危害防治行为准则。③安全生产文化和职业病危害防治理念及行为准则教育资料。

(2)安全文化建设资料:①企业安全文化建设规划。②企业安全文化建设计划。③企业安全文化活动记录。

(3)项目法人提供的监督检查各参建单位开展此项工作的记录和督促落实工作的记录。

4.1.14 安全生产信息化建设

各参建单位应根据自身实际情况,利用信息化手段开展安全生产管理工作,建立安全生产电子台账管理、重大危险源监控、职业病危害防治、应急管理、安全风险管控和隐患自查自报、安全生产预测预警等信息系统。

4.2 制度化管理

4.2.1 法规标准识别

各参建单位应建立安全生产和职业健康法律法规、标准规范的管理制度,明确主管部门,确定获取的渠道、方式,及时识别和获取适用、有效的法律法规、标准规范,建立安全生产和职业健康法律法规、标准规范清单和文本数据库。

4.2.2 法律法规识别

4.2.2.1 基本要求

(1)法规标准辨识制度中应该明确此项工作的主管部门,并明确各部门开展法规标准辨识的职责。

(2)制度中应结合实际,明确通过何种渠道(如网络、出版社、上级通知等)获取法律法规、标准规范。

(3)制度中应明确辨识、评审法律法规、标准规范的工作程序和工作要求,最终达到及时、准确获得工作所需、适用的工作依据。

(4)项目法人的管理制度中,除明确自身法律法规、标准规范的管理制度外,还应明确对各参建单位(如监理、施工等单位)的管理要求。

4.2.2.2 文件及记录

文件及记录应包含以下内容：

(1)以正式文件发布的安全生产法律法规、标准规范管理制度。

(2)项目法人提供的监督检查各参建单位开展此项工作的记录和督促落实工作的记录。

4.2.3 法律清单文本数据库

4.2.3.1 基本要求

(1)辨识准确、适用的法律法规、规程规范、技术标准及其他要求是有效开展安全生产和职业健康管理的前提和基础，只有明确了安全管理工作过程中的工作依据，才能保证安全生产管理工作依法合规、不出现偏差。因此，在安全生产标准化建设工作过程中，各参建单位应对法律法规及其他要求的辨识工作予以高度重视。在安全管理过程中，一些单位经常出现无意识地违反法规、规范的行为，导致生产安全事故发生，这些事故大多与对应执行的安全生产法律法规、标准规范不熟悉、不了解有直接的关系。

(2)及时辨识。各职能部门和所属单位应及时识别适用的安全生产法律法规和其他要求。

(3)辨识范围。与安全生产管理相关的法律、行政法规、地方性法规、规章(包括部门规章和地方政府规章)、规范性文件以及技术标准都要纳入辨识范围。

与安全生产管理相关的法律有《中华人民共和国安全生产法》《中华人民共和国职业病防治法》《中华人民共和国特种设备安全法》等。与安全生产管理相关的行政法规有《建设工程质量管理条例》《建设工程安全生产管理条例》《水库大坝安全管理条例》《工伤保险条例》等。与安全生产管理相关的地方性法规包括省级地方性法规和较大的市地方性法规、自治条例和单行条例。主要辨识单位或工程所在地的地方性法规有《辽宁省安全生产条例》《江苏省安全生产条例》等；与安全生产管理相关的规章包括部门规章和地方政府规章有《水利工程建设安全生产管理规定》《中华人民共和国水上水下活动通航安全管理规定》《建筑业企业资质管理规定》等。

《中华人民共和国标准化法》将现行的国家、行业及地方分别制定的强制性标准和推荐性标准(共六类)调整为强制性国家标准、推荐性国家标准和行业及地方推荐性标准(共四类)。

行政规范性文件是除国务院的行政法规、决定、命令以及部门规章和地方政府规章外，由行政机关或者经法律法规授权的具有管理公共事务职能的组织(以下统称"行政机关")依照法定权限、程序制定并公开发布，涉及公民、法人和其他组织权利义务，具有普遍约束力，在一定期限内反复适用的公文。例如，《国务院关于全面加强应急管理工作的意见》《国务院关于进一步加强企业安全生产工作的通知》《水库大坝安全鉴定办法》《水闸注册登记管理办法》《水库大坝安全管理应急预案》《水利水电工程施工企业主要负责人、项目负责人和专职安全生产管理人员安全生产考核管理办法》等。

(4)适用辨识。各参建单位应评价辨识出的法律法规、技术标准,从中筛选出与本单位安全管理工作相关且适用的法规、规范。部分单位在开展此项工作时,未考虑适用性,将与本单位无关的法规、规范或技术标准纳入辨识、获取范围,不加选择地求多、求全,反而会导致执行出现问题。部分单位辨识的技术标准中几乎没有水利行业的规程规范。

(5)版本有效。辨识过程中应注意法律法规、技术标准的版本有效性,避免将过期、作废法规、规范纳入清单范围。

(6)辨识深度。为保证贯彻执法律法规、技术标准的准确性,法规和其他要求文件(不含技术标准)应辨识到法律法规的适用条款。

(7)统一组织、分级管理。首先由单位统一组织,可结合管理需要,与其他方面(如质量、经营管理等)适用法规、规范辨识工作同步开展,保证单位运行管理工作的整体性、系统性和一致性。例如,某些生产经营单位既要求开展质量管理体系认证工作,也要求开展适用法律法规和标准规范的辨识工作,因此在实际操作过程中,可以考虑将此二项工作合并进行。

各参建单位所属各部门(项目部)要结合本部门(项目部)的工作实际,在单位辨识清单的基础上进一步的辨识,获取适用于本部门(项目部)的法规、规范。

(8)定期更新发布。按评审标准要求,及时对清单进行更新,每年发布一次适用的清单。在实际工作过程中,各部门应实时关注业务范围内所涉及的法规、规范的修订、发布情况,及时把最新的法律法规及其他要求传达到单位相关部门或岗位,并适时组织教育培训工作。

(9)建立文本数据库。适用的法律法规及其他要求一经正式发布后,生产经营单位及所属下级单位或部门,应及时建立响应文本数据库,方便查阅、执行。数据库采用纸质或电子版形式均可。

(10)项目法人负责制。作为工程建设的组织者,项目法人对工程建设的安全、质量、进度、投资等负总责。为规范和统一工程项目的建设管理行为,《水利水电工程施工安全管理导则》(SL 721—2015)规定,项目法人应及时组织有关参建单位识别适用的安全生产法律法规、规章制度和标准,并于工程开工前将《适用的安全生产法律法规、规章制度和标准清单》书面通知给各参建单位。各参建单位应将法律法规、规章制度和标准的相关要求转化为内部管理制度贯彻执行。对国家、行业主管部门新发布的安全生产法律法规、规章制度和标准,项目法人应及时组织参建单位识别,并将适用的文件清单及时通知有关参建单位。

4.2.3.2 其他要求

及时向员工传达并配备适用的安全生产法律法规和其他要求。

(1)法规、规范辨识工作完成以后,应重点解决如何执行、应用的问题。

（2）很多生产安全事故的发生是由当事人对相关法律法规、技术标准不了解、不掌握所致。因此，生产经营单位应结合相关部门及岗位人员的岗位职责，为其配备适用的法规及规范文本，纸质版或电子版均可。

（3）开展教育培训。在开展教育培训工作时，考虑到辨识出的法规、规范的种类和数量较多，统一开展教育培训工作难度较大，在实际工作中，可根据需要分批分类开展有针对性的教育培训工作。

4.2.3.3　文件及记录

文件及记录应包含以下内容：

（1）法律法规、标准规范辨识清单。

（2）发放法律法规、标准规范记录。

（3）法律法规、标准规范教育培训记录。

（4）适用法律法规、标准规范文本数据库（包括电子版）。

（5）项目法人提供的监督检查各参建单位开展此项工作的记录和督促落实工作的记录。

4.2.4　规章制度

各参建单位应及时将识别、获取的安全生产法律法规和其他要求转化为本单位规章制度，结合本单位实际，建立健全安全生产规章制度体系。

4.2.4.1　项目法人规章制度

项目法人规章制度应包括但不限于以下几点：

（1）安全目标管理。

（2）安全生产责任制。

（3）安全生产费用管理。

（4）安全技术措施审查。

（5）安全设施"三同时"管理。

（6）安全生产教育培训。

（7）安全风险管理。

（8）生产安全事故隐患排查治理。

（9）重大危险源和危险物品管理。

（10）安全防护设施、生产设施及设备、危险性较大的单项工程以及重大事故隐患治理验收。

（11）安全例会。

（12）消防管理。

（13）文件、记录和档案管理。

（14）应急管理。

（15）事故管理。项目法人应监督检查各参建单位负责开展事故管理工作。

4.2.4.2　施工企业规章制度

施工企业规章制度应包括但不限于以下几点：

（1）安全目标管理。

（2）安全生产责任制。

（3）法律法规、标准规范管理。

（4）安全生产承诺。

（5）安全生产费用管理。

（6）意外伤害保险管理。

（7）安全生产信息化。

（8）安全技术措施审查管理（包括安全技术交底及新技术、新材料、新工艺、新设备设施）。

（9）文件、记录和档案管理。

（10）安全风险管理、隐患排查治理。

（11）职业病危害防治。

（12）教育培训。

（13）班组安全活动。

（14）安全设施与职业病防护设施"三同时"管理。

（15）特种作业人员管理。

（16）设备设施管理。

（17）交通安全管理。

（18）消防安全管理。

（19）防洪度汛安全管理。

（20）施工用电安全管理。

（21）危险物品和重大危险源管理。

（22）危险性较大的单项工程管理。

（23）安全警示标志管理。

（24）安全预测预警。

（25）安全生产考核奖惩管理。

（26）相关方安全管理（包括工程分包方安全管理）。

（27）变更管理。

（28）劳动防护用品（具）管理。

（29）文明施工、环境保护管理。

（30）应急管理。

(31)事故管理。

(32)绩效评定管理。

4.2.4.3 制度基本要求

(1)合规性。生产经营单位应将所辨识出的法律法规及其他要求转化为本单位的规章制度,制度中不应出现与法律法规及其他要求相抵触的内容。若生产经营单位的规章制度存在错误、违规的情况,将导致安全管理工作出现偏差。

(2)适用性。生产经营单位制定的管理制度应符合管理实际,即制定出的管理制度应与本单位管理实际相符。管理制度要与本单位现有管理体制相融合,适合安全管理工作需要,否则就会出现制度中规定的内容与实际管理工作不符,即"两张皮"的情况。

(3)可操作性。制度是用来规范、指导工作开展的依据,制度应做到要素齐全,内容详细、具体。《水利安全生产标准化评审标准》中要求生产经营单位开展的各项工作均应有相关制度提出要求,明确工作程序和人员职责,使具体执行者在制度的指导下可以独立自主地开展工作。制度要解决做什么、由谁去做、怎么去做的问题。例如,目标管理制度中应明确安全生产总目标应由谁来制定、如何制定、应将哪些作为安全生产总目标,年度目标(公司和项目部或二级单位两级)应由谁来制定、如何制定(流程)、应制定哪些目标等。建议在编制制度时,生产经营单位一并编制各项工作的记录表单,作为制度的附件,如目标分解表格、目标完成监督检查情况表格、考核记录表格等。

(4)《水利水电工程施工安全管理导则》(SL 721—2015)中规定,安全生产管理制度应包含以下内容:①工作内容。②责任人(部门)的职责与权限。③基本工作程序及标准。

(5)层次清晰。关于制度制定的层次,一般不做强制要求,即单位总部应编制各项管理制度,项目部及二级单位可根据管理需要,决定是否制定本部门(单位)的管理制度。如企业规模较小、管理层次少,总部管理制度编制的深度能满足各级安全管理工作的需要,可统一执行总部的制度,二级单位及下属部门可不必制定自身的管理制度。对于管理层级较多、规模较大或单位总部管理制度的深度不能满足基层安全管理工作需要的单位,各基层单位及项目部应在总部制度的基础上,编制适合本单位(下属单位、项目部)的管理制度或实施细则。

(6)种类齐全。《水利安全生产标准化评审标准》中所列举出的安全生产管理制度是相关生产经营单位进行安全管理时要制定的基本内容,而不是全部。生产经营单位在开展安全生产标准化及安全生产管理工作过程中,应结合管理实际需要,制定覆盖单位全部安全管理行为的管理制度,使各项工作均有章可循。

(7)正式发布。安全管理制度的形成和实施在形式上应满足相关要求,即要以单位正式文件进行发布才能生效,以单行或汇编的形式发布均可。并且,安全管理制度要发放到每一位从业人员手中,保证全员熟悉、掌握本单位的规章制度。

4.2.4.4　制度发放

（1）生产经营单位从业人员应知晓、掌握本单位的安全管理规章制度，因此规章制度编制完成后应下发至各部门、各岗位。

（2）开展教育培训。生产经营单位应组织从业人员开展培训学习，相关培训学习应纳入单位的教育培训计划中。

关于规章制度的培训，《中华人民共和国安全生产法》第二十八条、第四十四条分别做了规定：

生产经营单位应当对从业人员进行安全生产教育和培训，保证从业人员具备必要的安全生产知识，熟悉有关的安全生产规章制度和安全操作规程，掌握本岗位的安全操作技能，了解事故应急处理措施，知悉自身在安全生产方面的权利和义务。未经安全生产教育和培训合格的从业人员，不得上岗作业。

生产经营单位应当教育和督促从业人员严格执行本单位的安全生产规章制度和安全操作规程；并向从业人员如实告知作业场所和工作岗位存在的危险因素、防范措施以及事故应急措施。

4.2.4.5　文件及记录

文件及记录应包含以下内容：

（1）满足评审标准及安全生产管理工作需要的各项规章制度。

（2）规章制度的印发记录。

（3）规章制度教育培训记录。

（4）项目法人提供的监督检查各参建单位开展此项工作的记录和督促落实工作的记录。

4.2.5　操作规程

4.2.5.1　项目法人的要求

（1）监督检查参建单位引用或编制安全操作规程，确保从业人员参与安全操作规程编制和修订工作。

（2）监督检查参建单位在新技术、新材料、新工艺、新设备以及新设施投入使用前，组织编制或修订相应的安全操作规程，并确保其适宜性和有效性。

（3）监督检查参建单位将安全操作规程发放到相关作业人员手中。

4.2.5.2　施工单位的要求

（1）施工单位应引用或编制安全操作规程，确保从业人员参与安全操作规程的编制和修订工作。

（2）新技术、新材料、新工艺、新设备以及新设施投入使用前，施工单位应组织编制或修订相应的安全操作规程，并确保其适宜性和有效性。

(3)安全操作规程应发放到相关作业人员手中。

4.2.5.3 编制操作规程

(1)施工单位应对本单位生产经营过程中梳理、列出可能涉及的工种、岗位清单,编制有针对性的操作规程。操作规程可自行编制也可直接引用、借鉴国家或行业已经颁布的标准规范,如《水利水电工程施工作业人员安全技术规程》(SL 401—2007)、《建筑机械使用安全技术规程》(JGJ 33—2012)、《水利水电起重机械安全规程》(SL 425—2017)等。

(2)操作规程应保证全面性和适用性。施工单位所编制的操作规程应覆盖本单位所涉及的工种、岗位,应结合本单位生产工艺、作业任务特点以及岗位作业安全风险与职业病防护要求,不得存在明显违反相关安全技术规定的内容。编制过程中,施工单位应创造条件确保相关岗位、工种的从业人员参与操作规程的编制,提高操作规程的适用性和针对性,并使其更深入掌握操作规程的内容。

(3)操作规程应发放到各作业工种和岗位人员手中。操作规程是为作业工种、岗位人员服务和使用的技术文件,所以操作规程应发放到所对应的工种、岗位操作人员手中,并有签收记录,仅发放到工作队或班组的做法是不妥的。

(4)开展操作规程的教育培训。《中华人民共和国安全生产法》第二十八条规定,生产经营单位应当对从业人员进行安全生产教育和培训,保证从业人员具备必要的安全生产知识,熟悉有关的安全生产规章制度和安全操作规程,掌握本岗位的安全操作技能,了解事故应急处理措施,知悉自身在安全生产方面的权利和义务。未经安全生产教育和培训合格的从业人员,不得上岗作业。操作规程的教育培训工作应纳入单位的教育培训计划,并结合《水利安全生产标准化评审标准》中教育培训工作的相关要求开展。教育培训档案记录应符合《水利安全生产标准化评审标准》的相关规定。

(5)项目法人应检查施工等参建单位的操作规程制定、发放和执行情况,并提供检查记录。

4.2.5.4 文件及记录

文件及记录应包含以下内容:

(1)以正式文件发布的安全操作规程。

(2)安全操作规程编制、审批记录。

(3)从业人员参与编制操作规程的工作记录。

4.2.6 文档管理

4.2.6.1 基本要求

各参建单位应建立文件、记录及档案管理制度,明确安全生产和职业健康规章制度、操作规程的编制、评审、发布、使用、修订、废止,以及文件、记录及档案管理的职责、程序和要求。各参建单位应建立健全主要安全生产和职业健康过程与结果的记录,并建立和保存有关记录的电子档案,支持查询和检索,便于自身管理使用和行业主管部门调取检查。

4.2.6.2 文件及记录管理制度的编制

生产经营单位的安全文件及记录管理制度可以单独制定,也可以与单位其他类型文件、记录管理制度相融合。其中,项目法人的文件与记录管理制度除对自身工作提出要求外,还应以工程建设项目为单位对各参建单位的工程建设过程文件、记录与档案管理做统一要求。

4.2.6.3 文件及记录检查。

项目法人通常采取抽查的方式检查文件与记录管理制度的执行、落实的情况,查看其已形成的文件和记录是否符合管理制度的要求。项目法人检查记录的真实性,各类型记录内容应如实反映安全生产和职业健康管理工作过程和工作成果,记录中相关责任人员签字(手签)齐全,不得出现电脑打印签名的情况。

4.2.6.4 安全管理档案

安全生产和职业健康管理档案收集内容应齐全,档案管理符合国家、行业相关规范要求,并有专人进行保管;档案保管的场所及设施符合有关规定。关于安全生产和职业健康档案管理,在《中华人民共和国安全生产法》《中华人民共和国职业病防治法》《中华人民共和国特种设备安全法》中均有相关规定。

安全生产和职业健康管理过程中所形成的档案应依据《中华人民共和国档案法》《水利工程建设项目档案验收管理办法》《科学技术档案案卷构成的一般要求》《电子文件归档与管理规范》等要求进行管理。

4.2.6.5 评估

生产经营单位应定期(至少每年开展一次)对所辨识的法律法规、规程规范和编制的规章制度、操作规程进行全面评估。评估的内容应包括适宜性、合规性及执行情况。

对法律法规、规程规范的评估内容应包括有效性、适宜性和执行情况;对规章制度、操作规程的评估内容应包括适用性、合规性和执行情况。评估工作完成后应形成评估报告,内容应包括检查评估过程、检查评估结论以及针对评估结论中存在问题的处理解决措施等,评估结论应真实、准确、符合实际。针对评估中发现的问题,生产经营单位应采取措施进行整改。

4.2.6.6 修订

规章制度和操作规程在执行过程中因为法律法规、规程规范和技术标准更新,工作环境改变等导致不完全适用时,生产经营单位应及时进行修订,以保证其适用性、合规性。

4.2.6.7 文件及记录

文件及记录应包含以下内容:

(1)以正式文件发布的文件管理制度。

(2)以正式文件发布的记录管理制度。

(3)以正式文件发布的档案管理制度。

(4)法律法规、规程规范、规章制度、操作规程(水管单位、施工企业)评估报告。

(5)修订及重新发布的记录。

(6)项目法人单位提供的监督检查各参建单位开展此项工作的记录。

4.3　教育培训

4.3.1　教育培训管理

4.3.1.1　基本要求

(1)安全生产教育培训制度应明确安全教育培训的归口管理部门、对象与内容、组织与管理、记录与档案等要求。

(2)定期识别安全教育培训需求,制订培训计划,按计划进行安全教育培训,建立教育培训记录、档案。

4.3.1.2　主管部门及管理要求

生产经营单位应明确教育培训主管部门,建立健全安全培训体系,完善岗位职责、绩效考核、奖惩办法、信息档案等管理制度,规范安全生产培训的课程设置、学时安排、教学考试、成绩评判、档案管理等工作要求。

4.3.1.3　培训需求分析

生产经营单位应当定期(至少每年一次)进行培训需求调研,梳理分析各类人员的培训需求,形成需求分析报告,以此编制培训计划,避免为完成培训学时而开展无针对性的培训。

4.3.1.4　教育培训计划

安全生产教育培训计划应详细、具体、有可操作性,培训内容应全面,不宜出现类似"安全法律法规教育培训""规章制度教育培训"等含混不清的表述。

4.3.1.5　教育培训的内容

教育培训制度中除明确《水利安全生产标准化评审标准》3.1.2中的各项教育培训内容外,还应将《水利安全生产标准化评审标准》中规定的其他工作应开展的教育培训一并纳入教育培训管理中。生产经营单位的培训范围一般包括:

(1)法律法规。

(2)安全生产责任制及其他规章制度。

(3)安全生产管理知识。

（4）安全生产技术、"四新"技术。

（5）操作规程（施工企业、水管单位）。

（6）职业健康。

（7）应急救援。

（8）典型案例。

4.3.1.6　培训对象

培训对象包括：

（1）单位主要负责人及安全生产管理人员。

（2）三类人员继续教育培训（施工企业）。

（3）新员工。

（4）特种作业人员。

（5）在岗从业人员（全员）。

（6）相关方（包括施工企业对分包方人员的教育培训）。

（7）被派遣劳动者、实习生。

4.3.1.7　教育培训的组织

《中华人民共和国安全生产法》规定，生产经营单位的主要负责人对本单位安全生产工作负有组织制定并实施本单位安全生产教育和培训计划的职责；安全生产管理机构应负责组织或参与本单位的安全生产教育培训工作。

4.3.1.8　教育培训的形式

教育培训形式可以采用集中面授、现场培训、分类培训、小组讨论等，还可以采取网络、视频、图片、电视、知识问答等丰富多彩、易于接受的形式，以增强培训效果。目前，国内不少水利重点工程施工现场设置了安全体验馆、VR体验馆等，取得了很好的培训效果。

4.3.1.9　教育培训效果评价

生产经营单位应对教育培训的组织、授课内容、授课形式等进行全面评价，认真总结、分析本次教育培训工作中存在的问题，提出改进的意见、建议，不断提高教育培训的质量。

4.3.1.10　教育培训档案

教育培训档案是对教育培训工作过程真实、完整的记录。生产经营单位应加强对档案资料的收集整理工作，建立从业人员安全培训档案，如实记录安全生产教育和培训的时间、内容、参加人员以及考核结果等情况，形成并收集包括需求分析报告、培训计划、培训通知、培训签到、教育培训记录、现场培训音像资料、考试考核材料、考试成绩单及教育培训效果评估等档案资料。

4.3.1.11 文件及记录

文件及记录应包含以下内容：

(1)以正式文件发布的教育培训制度。

(2)以正式文件发布的年度培训计划。

(3)教育培训档案资料，包括培训通知、回执、培训资料、照片资料、考试考核记录、成绩单、培训效果评价等。

(4)根据效果评价结论而实施的改进记录。

(5)项目法人提供的对参建单位此项工作开展情况的监督检查记录。

4.3.2 人员教育培训

人员教育培训基本要求如下：

(1)项目法人：对各级管理人员进行教育培训，确保其具备正确履行岗位安全生产职责的知识与能力，每年按规定进行再培训，监督检查参建单位开展此项工作，相关人员按规定持证上岗。

(2)施工单位：各级管理人员进行教育培训，每年按规定进行再培训，主要负责人、项目负责人、专职安全生产管理人员按规定经水行政主管部门考核合格并持证上岗。

(3)三类人员。根据相关规定，项目法人、施工单位的主要负责人和各级管理人员应参加安全生产教育培训。其中，施工单位的主要负责人、项目负责人和安全生产管理人员(以下简称"三类人员")的教育培训及考核有明确的内容、学时等方面规定且实行准入制。《中华人民共和国安全生产法》第二十七条规定，生产经营单位的主要负责人和安全生产管理人员必须具备与本单位所从事的生产经营活动相应的安全生产知识和管理能力。通常，这种能力是通过教育培训渠道获得的。

根据《生产经营单位安全培训规定》，生产经营单位主要负责人的安全培训内容应当包括下列几个方面：①国家安全生产方针、政策和有关安全生产的法律、法规、规章及标准。②安全生产管理基本知识、安全生产技术、安全生产专业知识。③重大危险源管理、重大事故防范、应急管理和救援组织以及事故调查处理的有关规定。④职业危害及其预防措施。⑤国内外先进的安全生产管理经验。⑥典型事故和应急救援案例分析。⑦其他需要培训的内容。

安全生产管理人员安全培训的内容应当包括下列几个方面：①国家安全生产方针、政策和有关安全生产的法律、法规、规章及标准。②安全生产管理、安全生产技术、职业卫生等知识。③伤亡事故统计、报告及职业危害的调查处理方法。④应急管理、应急预案编制以及应急处置的内容和要求。⑤国内外先进的安全生产管理经验。⑥典型事故和应急救援案例分析。⑦其他需要培训的内容。

《水利部关于贯彻落实〈国务院安委会关于进一步加强安全培训工作的决定〉进一步加强水利安全培训工作的实施意见》对包括项目法人、施工单位和水管单位在内的安全管理人员培训提出了要求,施工单位主要负责人、项目负责人、安全生产管理人员和各生产经营单位特种作业人员应 100％持证上岗,以班组长、新工人、农民工为重点的从业人员 100％培训合格后上岗;其他水利生产经营单位安全生产管理人员和一线从业人员 100％培训合格后上岗。

(4)培训组织要求。《水利部办公厅关于进一步加强水利水电工程施工企业主要负责人、项目负责人和专职安全生产管理人员安全生产培训工作的通知》要求,对于施工单位的"三类人员",自行组织或采用委托培训机构培训、远程教育培训等方式开展"三类人员"安全生产新上岗培训和再培训,并详细、准确做好培训记录。培训记录应包括培训时间、培训内容、培训教师、培训人员名单及签到表、考核结果等内容。水利部不再组织对水利水电工程施工总承包一级(含一级)以上资质、专业承包一级资质以及部直属施工单位的"三类人员"进行安全生产继续教育,可自行组织或参加社会力量办学举办的教育培训。《水利水电工程施工企业主要负责人、项目负责人和专职安全生产管理人员安全生产考核管理办法》(水安监〔2011〕374 号)规定,由发证机关组织的安全生产继续教育并入企业年度再培训。在对"三类人员"进行考核和延期审核时,水利水电工程施工单位应将新上岗培训或每年的再培训证明记录交水行政主管部门核验,必要时对企业培训情况进行核查。

(5)培训学时。在《水利安全生产标准化评审标准》的修订过程中,未对各项教育培训的学时给出明确规定,仅要求生产经营单位根据相关法规、规章和技术标准的规定,在教育培训制度和计划中明确教育培训学时。生产经营单位所开展的各项教育培训,对于有培训学时要求的,应满足相关规定。在《水利部关于贯彻落实〈国务院安委会关于进一步加强安全培训工作的决定〉进一步加强水利安全培训工作的实施意见》《水利部办公厅关于进一步加强水利水电工程施工企业主要负责人、项目负责人和专职安全生产管理人员安全生产培训工作的通知》和《水利水电工程施工安全管理导则》(SL 721—2015)中均对相关人员的教育培训学时给出了要求,实施过程中可执行上述规定。各参建单位应建立健全安全生产和职业健康教育培训制度,明确教育培训主管部门,定期识别教育培训需求,制定、实施安全教育培训计划,保证必要的安全教育培训资源,按照有关规定进培训。

生产经营单位应当关注从业人员的身体、心理状况和行为习惯,加强对从业人员的心理疏导、精神慰藉,严格落实岗位安全生产责任,防范从业人员行为异常导致事故发生。

4.4　现场管理

4.4.1　项目法人现场管理

作为工程建设的组织方,项目法人承担着项目建设安全生产的组织、协调和监督责任。项目法人除按有关法律法规及其他要求完成自身安全生产管理工作之外,还应按合同约定,加强对参建各方的安全管理。工程建设过程中,项目法人应充分发挥监理单位在安全生产监督管理工作中的作用,明确安全监理责任。

4.4.2　设备设施管理

4.4.2.1　基本要求

项目法人设备设施管理工作的主要内容包括:①向承包人提供符合要求的施工现场和施工条件,开展自身设备设施的安全管理工作,监督检查参建单位(特别是施工单位)的设施设备安全管理工作是否符合相关要求。②向施工单位提供现场及施工可能影响的毗邻区域内供水、排水、供电、供气、供热、通讯、广播电视等地下管线资料,拟建工程可能影响的相邻建筑物和构筑物、地下工程的有关资料,并确保有关资料真实、准确、完整,满足有关技术规范要求。

4.4.2.2　工作依据

工作依据主要有《建设工程安全生产管理条例》(国务院令第 393 号)、《水利工程建设安全生产管理规定》(水利部令第 26 号)中的工作要点等。

《建设工程安全生产管理条例》第六条规定,建设单位应当向施工单位提供施工现场及毗邻区域内供水、排水、供电、供气、供热、通信、广播电视等地下管线资料,气象和水文观测资料,相邻建筑物和构筑物、地下工程的有关资料,并保证资料的真实、准确、完整。建设单位因建设工程需要,向有关部门或者单位查询前款规定的资料时,有关部门或者单位应当及时提供。

工程建设项目施工可能对毗邻区域地表及地下的设备、设施和建筑物等产生干扰和影响。为保证施工期间将干扰和影响降到最低,确保生产安全,项目法人应组织勘察设计等单位提前开展相关工作,全面摸排施工现场及可能影响的毗邻区域内供水、排水、供电、供气、供热、通讯、广播电视等地下管线资料,拟建工程可能影响的相邻建筑物和构筑物、地下工程的情况,在招标时将有关资料提供给潜在投标人,并确保有关资料真实、准确、完整,满足有关技术规范要求。这样做一是便于在潜投标人在编制投标文件过程中,采取必要的措施进行防护;二是可据此来计算相应部分的投标报价。

4.4.2.3　文件及记录

文件及记录应包含以下内容:

(1)工程施工招标文件及其附图。

(2)施工场地内的工程地质图纸和报告,以及地下障碍物图纸等施工场地有关资料。

4.4.3　管理要求

项目法人的管理要求如下:

(1)明确设备设施管理的责任部门和专(兼)职管理人员,监督检查参建单位开展此项工作。

（2）监督检查参建单位购买、租赁、使用符合安全施工要求的安全防护用具、机械设备、施工机具及其配件、消防设施和器材。

（3）监督检查参建单位对设备设施运行前及运行中实施必要的检查。

（4）确保自有设备设施完好有效，监督检查参建单位设备设施防护措施落实情况。

（5）监督检查作业人员按操作规程操作设备设施。

（6）监督检查设备设施维护保养情况，确保设备设施安全运行。

（7）监督检查参建单位将租赁的设备和分包方的设备纳入本单位安全管理范围，实施统一管理。

（8）监督检查监理单位按规定对进入现场的设备设施进行查验。

（9）监督检查特种设备安装、拆除的人员资格、单位资质，以及定期检测、运行管理情况。

（10）监督检查参建单位对安全设备设施的使用、检查、维修、拆除等实施有效控制和管理。

（11）监督检查参建单位实施设备设施报废管理。

4.4.4　工作要点

4.4.4.1　基本要求

（1）项目法人在开展设备设施管理工作时，应明确负责设备安全管理的部门和人员，并监督检查参建单位（主要是施工单位）设备设施管理机构设置及管理人员的配备情况。

（2）对于实行代建和监理制的项目，可发挥代建及监理单位的作用，在项目的相关管理制度中予以明确。项目法人应要求代建或监理单位加强对施工单位设备设施的管理工作，并对其工作结果进行确认；项目法人也可组织代建或监理单位联合开展对施工单位的监督检查工作。

（3）各项监督检查的工作依据及要点可参照"施工单位现场管理"的有关内容。

（4）项目法人设备设施的安全管理工作应与合同约定的管理工作要求进行有效融合，减少重复工作。例如，施工单位购买、租赁、使用符合安全施工要求的安全防护用具、机械设备、施工机具及配件、消防设施和器材的监督检查等工作，合同中通常约定要求施工单位向监理机构进行报验，《水利工程施工监理规范》（SL 288—2014）中也有相关规定。此外，在施工合同中还应约定施工单位机械设备进场前应向监理单位进行报验，以验证设备是否能满足施工需要，设备安全状况是否良好，经监理机构确认后方可进入施工现场。

4.4.4.2　文件及记录

文件及记录应包含以下内容：

（1）以正式文件明确设施设备管理机构及人员。

（2）对施工单位设备管理部门及人员设立情况的检查记录或上报文件的审批记录或监督检查记录。

（3）对施工单位采购、租赁施工设施设备的监督检查记录或审批记录。

（4）对施工单位开展设施设备运行检查的监督检查记录（可与其他检查工作合并进行）。

（5）自有设备设施检查记录。

（6）参建单位设备设施防护措施落实情况检查记录。

（7）对施工单位操作规程编制、发布情况的检查记录。

（8）对施工单位设备设施维护保养情况的检查记录（可结合相关检查工作一并进行）。

（9）对监理单位工作的监督检查记录或对监理审核上报文件的审批记录。

（10）施工单位上报的特种设备安装、拆除方案及审批记录。

（11）施工单位上报的特种设备安装、拆除人员资格、单位资质及审批记录。

（12）安装后验收、定期检测、运行管理等监督检查记录。

（13）安全设备设施审核、审批文件及监督检查记录。

（14）对参建单位相关工作开展情况的监督检查记录及督促落实记录。

4.4.5　作业安全

4.4.5.1　基本要求

项目法人对施工现场作业安全的管理主要包括安全生产条件的分析、安全监督手续的办理、现场总布置的规划及对施工单位施工作业行为的监督管理等。

项目法人应按规定组织编制《水利水电建设工程安全生产条件和设施综合分析报告》，并报上级主管部门备案。

4.4.5.2　工作依据

工作依据有《建设项目安全设施"三同时"监督管理办法》（安监总局令第 36 号）、《水利部关于进一步加强水利建设项目安全设施"三同时"的通知》（水安监〔2015〕298 号）等。

4.4.5.3　工作要点

《建设项目安全设施"三同时"监督管理办法》规定，除应当进行安全评价的建设项目之外，其他建设项目的生产经营单位应当对其安全生产条件和设施进行综合分析，形成书面报告备查。按照《中华人民共和国安全生产法》关于安全评价工作有关规定，水利部结合水利行业实际，决定不再组织开展水利水电建设项目安全评价工作。《水利部关于进一步加强水利建设项目安全设施"三同时"的通知》规定，水行政主管部门应加强监督检查，保证"三同时"制度落实到位。水利工程建设单位应当认真落实建设项目安全设施

"三同时"各项要求,对工程安全生产条件和设施进行综合分析,形成书面报告备查。

项目法人应在可行性研究报告批复后,根据水利水电建设工程可行性研究报告等资料,运用科学的分析方法,对拟建工程推荐的设计方案进行分析,预测工程潜在的危险和有害因素种类以及其引发各类事故的可能性和严重程度,提出合理可行的安全技术和安全管理对策措施建议,为工程安全管理提供依据。安全生产条件和设施综合分析报告可作为初步设计报告《劳动安全与工业卫生》专篇的编制依据。因此,在进行初步设计前,项目法人应按规定组织对其安全生产条件和设施进行综合分析(可委托具有相应能力的机构编制),形成书面报告备查,并将《水利水电建设工程安全生产条件和设施综合分析报告》向上级主管部门备案。

项目法人在工程建设过程中,应当认真落实建设项目安全设施"三同时"各项要求,监督检查设计单位、施工单位和监理单位对此项工作开展和落实的情况,对工程安全生产条件和设施进行综合分析,形成书面报告备查。

4.4.5.4　文件及记录

文件及记录应包含以下内容:

(1)《水利水电建设工程安全生产条件和设施综合分析报告》及备案材料。

(2)监督检查各进场单位对现场进行合理布局与分区,管理规范有序,符合安全文明施工、度汛、交通、消防、职业健康、环境保护等有关规定的记录。

4.4.6　现场规划管理

4.4.6.1　基本要求

项目法人对施工现场的规划及管理,应分两阶段进行:

(1)在规划选址及初步设计阶段,项目法人应按规范要求,结合现场实际情况,对施工现场进行全面合理规划。《水利水电工程劳动安全与工业卫生设计规范》(GB 50706—2011)中规定:

工程总体布置设计,应根据工程所在地的气象、洪水、雷电、地质、地震等自然条件和周边情况,预测劳动安全与工业卫生的主要危险因素,并对各建筑物、交通道路、安全卫生设施、环境绿化等进行统一规划。当工程存在特殊的危害劳动安全与工业卫生的自然因素,且工程布置无法避开时,应进行专题论证。

工程附近有污染源时,宜根据污染源种类和风向,避开对生活区、生产管理区所带来的不利影响。

建筑物间安全距离、各建筑物内的安全疏散通道及各建筑物进、出交通道路等布置,应符合防火间距、消防车道、疏散通道等的要求。

对于施工临时设施的布置,《水利水电工程施工组织设计规范》(SL 303—2017)规定,下列地点不应设置施工临时设施:

①严重不良地质区或滑坡体危害区。

②泥石流、山洪、沙暴或雪崩可能危害区。

③受爆破或其他因素影响严重的区域。

(2)施工单位进场后,应加强对施工单位现场平面布局等进行监督管理。

4.4.6.2　文件及记录

文件及记录应包含以下内容:

(1)经批准的初步设计。

(2)对施工单位现场布置方案的审批记录。

(3)对施工单位现场布置方案实施的监督检查记录。

4.4.7　专项方案

项目法人应组织编制保证安全生产的措施方案,并按有关规定备案;建设过程中安全生产的情况发生变化时,项目法人应当及时对保证安全生产的措施方案进行调整,并报原备案机关。

4.4.7.1　工作依据

工作依据有《水利工程建设安全生产管理规定》(水利部令第 26 号)、《水利水电工程施工安全管理导则》(SL 721—2015)中的工作要点等。

在工程开工前,项目法人应向有管辖权的水行政主管部门办理安全监督手续(附安全生产措施方案)。建设过程中,当安全生产的情况发生变化时,项目法人应及时对措施进行调整,并报原备案机关。在《水利工程建设安全生产管理规定》中规定:项目法人应当组织编制保证安全生产的措施方案,并自工程开工之日起 15 个工作日内报有管辖权的水行政主管部门、流域管理机构或者其委托的水利工程建设安全生产监督机构(以下简称"安全生产监督机构")备案。建设过程中,当安全生产的情况发生变化时,项目法人应当及时对保证安全生产的措施方案进行调整,并报原备案机关。

保证安全生产的措施方案应当根据有关法律法规、强制性标准和技术规范的要求并结合工程的具体情况编制,应当包括以下内容:

(1)项目概况。

(2)编制依据。

(3)安全生产管理机构及相关负责人。

(4)安全生产的有关规章制度制定情况。

(5)安全生产管理人员及特种作业人员持证上岗情况等。

(6)生产安全事故的应急救援预案。

(7)工程度汛方案、措施。

(8)其他有关事项。

项目法人在水利工程开工前,应当就落实保证安全生产的措施进行全面系统的布置,明确施工单位的安全生产责任。

4.4.7.2 文件及记录

文件及记录应包含以下内容:

(1)工程安全措施实施方案。

(2)申报备案资料。

(3)方案调整及重新备案资料。

4.4.8 资质管理

4.4.8.1 基本要求

项目法人应将拆除工程和爆破工程发包给具有相应资质等级的施工单位,应当在拆除工程或者爆破工程施工15日前,按规定向水行政主管部门、流域管理机构或者其委托的安全生产监督机构备案。

4.4.8.2 工作依据

工作依据为《水利工程建设安全生产管理规定》(水利部令第26号)。

4.4.8.3 工作要点

2014年11月6日,住房和城乡建设部公布了最新的《建筑业企业资质标准》(建市〔2014〕159号),该标准自2015年1月1日起施行,原建设部印发的《建筑业企业资质等级标准》同时废止。新资质标准取消了爆破与拆除工程专业承包资质。《建筑业企业资质管理规定和资质标准实施意见》(建市〔2015〕20号)明确,按原标准取得爆破与拆除工程专业承包资质的,仍可在其专业承包资质许可范围内承接相应工程。

根据《水利工程建设安全生产管理规定》的要求,项目法人在拆除和爆破作业前,将相关资料报水行政主管部门备案。

4.4.8.4 文件及记录

文件及记录应包含以下内容:

(1)工程承包合同或分包合同(审批记录)。

(2)拆除、爆破作业备案记录。

4.4.9 监督检查

4.4.9.1 基本要求

项目法人监督检查工作的基本要求如下:

(1)监督检查施工单位施工组织设计中的安全措施编制情况,对危险性较大的作业按相关规定编制专项安全技术措施方案,必要时进行论证、备案,实施时安排专人现场监督。

（2）监督检查施工单位在施工前按规定进行安全技术交底，并在交底书上签字确认。

（3）监督检查施工单位对临边、沟槽、坑、孔洞、交通梯道、高处作业、交叉作业、临水和水上作业、机械转动部位、暴风雨雪极端天气的安全防护设施实施管理。

（4）监督检查施工单位按相关规定对现场用电制定专项措施方案，并对相关设施的配备、防护和检查验收等实施管理。

（5）监督检查施工单位按相关规定制定脚手架搭设及拆除专项施工方案、方案实施和检查验收等工作。

（6）监督检查参建单位按有关规定实施易燃易爆危险化学品管理。

（7）监督检查参建单位按规定实施现场消防安全管理。

（8）监督检查参建单位按规定实施场内交通安全管理，制定并落实大型设备运输、搬运专项安全措施。

4.4.9.2　工作要点

项目法人在监督管理工作过程中应依据合同约定，充分发挥监理现场安全管理的作用。

4.4.9.3　文件及记录

文件及记录中应包含监督检查记录或施工单位上报审批记录。

4.4.10　防洪度汛

4.4.10.1　基本要求

项目法人应落实并监督检查参建单位开展以下防洪度汛工作：建立安全度汛工作责任制，建立健全工程度汛组织机构，制定完善度汛方案、超标准洪水应急预案和险情应急抢护措施，并报有关防汛指挥机构备案；做好防汛抢险队伍和防汛器材、设备等物资准备工作，及时获取汛情信息，按度汛方案和有关预案要求进行必要的演练；开展汛前、汛中和汛后检查，发现问题及时处理。

4.4.10.2　工作依据

工作依据有《水利工程建设安全生产管理规定》（水利部令第 26 号）、《水利水电工程施工安全管理导则》（SL 721—2015）等。

4.4.10.3　工作要点

水利工程项目建设过程中的防洪度汛是安全生产管理中的重要工作，由项目法人牵头统一组织，参建单位各负其责。

《水利工程建设安全生产管理规定》第二十一条规定，施工单位在建设有度汛要求的水利工程时，应当根据项目法人编制的工程度汛方案、措施制定相应的度汛方案，报项目法人批准；涉及防汛调度或者影响其他工程、设施度汛安全的，由项目法人报有管辖权的防汛指挥机构批准。

《水利水电工程施工安全管理导则》(SL 721—2015)对项目法人度汛工作规定如下:

(1)项目法人应根据工程情况和工程度汛需要,组织制定工程度汛方案和超标准洪水应急预案,报有管辖权的防汛指挥机构批准或备案。

(2)度汛方案应包括防汛度汛指挥机构设置、度汛工程形象、汛期施工情况、防汛度汛工作重点,人员、设备、物资准备和安全度汛措施,以及雨情、水情、汛情的获取方式和通信保障方式等内容。防汛度汛指挥机构应由项目法人、监理单位、施工单位、设计单位主要负责人组成。

(3)超标准洪水应急预案应包括超标准洪水可能导致的险情预测、应急抢险指挥机构设置、应急抢险措施、应急队伍准备及应急演练等内容。

(4)项目法人应和有关参建单位签订安全度汛目标责任书,明确各参建单位防汛度汛责任。

(5)施工单位应根据批准的度汛方案和超标准洪水应急预案,制定防汛度汛及抢险措施,报项目法人批准,并按批准的措施落实防汛抢险队伍和防汛器材、设备等物资准备工作,做好汛期值班,保证汛情、工情、险情信息渠道畅通。

(6)项目法人在汛前应组织有关参建单位,对生活、办公、施工区域内进行全面检查,对围堰、子堤、人员聚集区等重点防洪度汛部位和对有可能诱发山体滑坡、垮塌和泥石流等灾害的区域、施工作业点进行安全评估,制定和落实防范措施。

(7)项目法人应建立汛期值班和检查制度,建立接收和发布气象信息的工作机制,保证汛情、工情、险情信息渠道畅通。

(8)项目法人每年应至少组织一次防汛应急演练。

4.4.10.4　文件及记录

文件及记录应包含以下内容:

(1)防洪度汛方案及超标准洪水预案(含防洪度汛组织机构、抢险队伍、抢险物资等相关内容)、险情应急抢护措施。

(2)防洪度汛方案备案手续。

(3)防洪度汛检查记录(汛前、汛中、汛后)。

(4)防洪度汛值班制度及工作记录。

(5)防洪度汛演练记录。

(6)接收和发布气象信息工作机制及工作记录。

4.4.11　作业管理

4.4.11.1　基本要求

项目法人应监督检查参建单位对从业人员作业行为的安全管理,对设备设施、工艺技术及从业人员作业行为等安全风险的辨识,以及采取的相应措施。

项目法人应对下列(但不限于)高危险作业按有关规定实施有效管理(包括策划、配备资源、组织管理、现场防护、旁站监督等):①高边坡或深基坑作业。②高大模板作业。③洞室作业。④爆破作业。⑤水上或水下作业。⑥高处作业。⑦起重吊装作业。⑧临近带电体作业。⑨焊接作业。⑩交叉作业。⑪有(受)限空间作业等。

4.4.11.2　工作要点

水利工程施工过程中事故风险较大的作业行为应作为现场安全监督管理的重点。工程建设过程中,项目法人应组织监理单位按法规、规范要求加强管理。

4.4.11.3　文件及记录

文件及记录应包含以下内容:

(1)专项施工方案的审批。

(2)施工过程中的监督检查记录(可结合安全检查工作一并开展)。

4.4.12　岗位达标

4.4.12.1　基本要求

项目法人岗位达标管理工作的基本要求如下:

(1)监督检查参建单位建立班组安全活动管理制度,开展岗位达标活动。

(2)监督检查承包单位对分包方的安全管理,禁止转包或非法分包。

(3)监督检查施工单位现场勘测、检测等作业的如下情况:严格执行相关安全操作规程,采取措施保证各类管线、设施和周边建筑物、构筑物及作业人员的安全。

(4)监督检查设计单位的如下行为:在工程设计文件中执行相关强制性标准的有关情况,注明涉及施工安全的重点部位和环节,提出防范生产安全事故的指导意见;做好施工图设计交底、施工图会审、设计变更审批等设计控制;对采用新结构、新材料、新工艺以及特殊结构的工程,应组织审查、论证设计中保障作业人员安全和预防事故的措施方案。

(5)监督检查工程监理单位的如下行为:编制监理规划和安全监理实施细则,审查施工组织设计中的安全技术措施或者专项施工方案,实施现场施工安全监理。

(6)监督检查供应商或承包人提供的工程设备和配件等产品的质量和安全性能是否达到国家有关技术标准要求。

(7)组织交叉作业各方制定协调一致的施工组织措施和安全技术措施,签订安全生产协议,并监督实施。

4.4.12.2　工作依据

工作依据有《建设工程安全生产管理条例》(国务院令第 393 号)、《水利工程建设安全生产管理规定》(水利部令第 26 号)、《水利工程施工监理规范》(SL 288—2014)、《水利水电工程施工安全管理导则》(SL 721—2015)等。

4.4.12.3 工作要点

(1)参照"施工单位现场管理"岗位达标的要求,监督检查各参建单位的相关工作开展情况。

(2)参照"施工单位现场管理"工程分包的管理要求,对各参建单位的分包行为进行分包前的资质、资格条件审批,杜绝再分包或转包的行为。

(3)监督检查工程监理单位的安全监理工作。根据《水利工程施工监理规范》的要求,监理单位在开展监理工作前应编制监理规划和监理实施细则,并在约定的期限内将监理规划报送项目法人。监理单位应对施工组织设计和安全专项施工方案进行审核,并根据监理合同和工程承包合同的约定,决定提交项目法人审批后批复或者直接批复施工单位;施工过程中根据监理合同和工程承包合同、技术标准要求开展现场安全监理工作。

(4)监理单位应审查施工单位编制的施工组织设计、施工措施计划中的安全技术措施和危险性较大的分部工程或单元工程专项施工方案是否符合工程建设标准强制性条文及相关规定的要求。

(5)监理单位编制的监理规划应包括安全监理方案,明确安全监理的范围、内容、工作程序、制度和措施,以及人员配备计划和职责。监理单位对危险性较大的分部工程或单元工程的作业应编制专项监理方案,明确安全监理的方法、措施和控制要点,以及对施工单位安全技术措施的检查方案。

(6)保证工程设备的质量。工程施工过程中关于工程设备的采购方式有两种,一是项目法人自行采购,二是由承包人采购。对于工程设备的质量控制,应重点做好以下几方面工作:

①要求设计单位在设计文件中,对工程设备的规格、型号、质量技术标准等提出明确要求。

②设备采购或工程施工招标时,在《合同技术条款》中对工程设备的规格、型号、质量技术标准等提出明确要求。

③加强工程设备加工制造过程中的质量检查和验收工作。对重要的工程设备(如水轮机、启闭机、闸门、压力钢管等)应委托设备制造监理,负责加工制造过程中的质量控制。

④根据合同的约定,在设备出厂前及到场后组织监理、设备供应商、施工单位等进行验收,经验收合格后的设备方可允许安装。

(7)对有平行发包的交叉作业施工现场,项目法人应组织各施工单位、监理单位等共同制定协调一致的交叉作业施工组织措施和安全技术措施,要求各施工单位间签订安全生产协议,留存备案,并监督各方(委托监理单位)实施。

4.4.12.4 文件及记录

文件及记录应包含以下内容:

(1)勘察设计、监理、施工、质量检测等单位的岗位达标活动记录。

(2)施工单位的分包申请、监理单位的审核及项目法人的审批等方面的记录。

(3)监督检查设计单位设计文件的记录。

(4)施工图设计交底、会审、设计变更审批记录。

(5)新结构、新材料、新工艺以及特殊结构的安全措施审查论证记录。

(6)监理规划备案记录。

(7)工程设备设计文件(招标文件)。

(8)工程设备监造记录(监造合同、过程记录)。

(9)工程设备档案。

(10)工程设备出厂、进场验收记录。

(11)协调一致的交叉作业施工组织措施和安全技术措施的记录。

(12)安全生产协议。

(13)项目法人对各参建单位此项工作开展情况的监督检查记录。

4.4.13 强制要求

4.4.13.1 基本要求

项目法人不得对参建单位提出违反建设工程安全生产法律法规和强制性标准规定的要求,不得随意压缩合同约定的工期。

4.4.13.2 工作依据

工作依据有《建设工程安全生产管理条例》(国务院令第 393 号)、《水利工程建设标准强制性条文管理办法(试行)》(水国科〔2012〕546 号)等。

4.4.13.3 工作要点

《建设工程安全生产管理条例》第七条规定,建设单位不得对勘察、设计、施工、工程监理等单位提出不符合建设工程安全生产法律法规和强制性标准规定的要求,不得压缩合同约定的工期。

在以往的案例中,很多生产安全事故发生是因为参建单位盲目抢进度、赶工期造成的。如 2016 年 11 月 24 日发生的江西丰城"11·24"特大生产事故,根据事故调查处理报告披露的情况,建设单位(丰城三期发电厂)要求工程总承包单位大幅度压缩 7 号冷却塔工期后,未按规定对工期调整的安全影响进行论证和评估,在其主导开展的"大干100 天"活动中,针对 7 号冷却塔壁施工进度加快、施工人员大量增加等情况,未加强督促检查,未督促监理、总承包及施工单位采取相应措施,最终导致事故发生。

4.4.14 职业健康

4.4.14.1 基本要求

项目法人职业健康管理工作的基本要求如下：

（1）监督检查参建单位建立职业健康管理制度，明确职业危害的监测、评价和控制的职责和要求。

（2）监督检查参建单位为从业人员提供符合职业健康要求的工作环境和条件，配备相适应的职业健康防护用品；在产生职业病危害的工作场所设置相应的职业病防护设施。

（3）监督检查参建单位制定职业危害场所检测计划，定期对职业危害场所进行检测，并保存实施记录。

（4）监督检查参建单位采取有效措施，确保砂石料生产系统、混凝土生产系统、钻孔作业、洞室作业等场所的粉尘、噪声、毒物指标符合有关标准的规定。

（5）监督检查参建单位在可能发生急性职业危害的有毒、有害工作场所设置报警装置，制定应急处置预案，现场配置急救用品、设备。

（6）监督检查参建单位指定专人负责保管防护器具，并定期校验和维护。

（7）监督检查参建单位对从事接触职业病危害的作业人员进行职业健康检查（包括上岗前、在岗期间和离岗时），建立健全职业卫生档案和员工健康监护档案。

（8）监督检查参建单位如实向从业人员告知作业过程中可能产生的职业危害及其后果、防护措施等，并对从业人员及相关方进行宣传，使其了解生产过程中的职业危害、预防和应急处理措施。

（9）监督检查参建单位在存在严重职业病危害的作业岗位设置警示标识和警示说明。

（10）监督检查参建单位按有关规定及时、如实申报职业病危害项目，并及时更新信息。

4.4.14.2 文件及记录

文件及记录中应包含监督检查记录。

4.4.15 施工单位现场管理

4.4.15.1 基本要求

施工单位现场管理主要工作内容包括设备设施管理、作业安全和职业健康三部分内容。

设备设施管理主要规定了管理制度的制定、设备管理机构及管理人员、设备设施台账及档案资料、设备运行、检查、维修保养及报废等内容,强调了特种设备的安装(拆除)及使用方面的要求。

作业安全主要规定了施工技术管理、施工现场管理、岗位达标、相关方管理等内容,具体包括施工组织设计(含安全技术措施)和专项施工方案的管理。施工现场管理包括文明施工、交通、消防和施工临时用电等方面的管理;作业行为管理包括高边坡、深基坑、脚手架、起重吊装、洞室作业、爆破作业、水上水下作业、焊接作业、临近带电体作业、交叉作业等危险性较大单项工程的管理,以及岗位达标、相关方的管理等。

职业健康主要规定了职业健康管理制度编制、职业危害因素场所检测、人员职业健康管理等工作内容。

4.4.15.2　设备设施管理

(1)设备设施管理制度:设备设施管理制度应明确购置(租赁)、安装(拆除)、验收、检测、使用、检查、保养、维修、改造、报废等内容。

(2)设备设施管理机构及人员:设置设备设施管理部门,配备管理人员,明确管理职责,形成设备设施安全管理网络。

(3)设备设施采购及验收严格执行设备设施管理制度,购置合格的设备设施。

(4)特种设备安装(拆除):特种设备安装(拆除)单位须具备相应资质;安装(拆除)人员须具备相应的能力和资格;安装(拆除)特种设备应编制安装(拆除)专项方案,安排专人现场监督,安装完成后组织验收,委托具有专业资质的检测、检验机构检测合格后投入使用;使用特种设备设施时,按规定办理使用登记。

(5)设备设施台账:施工单位应建立设备设施台账并及时更新;设备设施管理档案资料要齐全、清晰,管理规范。

4.4.15.3　工作依据

工作依据有《中华人民共和国特种设备安全法》(主席令第四号)、《中华人民共和国安全生产法》《特种设备安全监察条例》(国务院令第 373 号)、《建设工程安全生产管理条例》(国务院令第 393 号)、《水利工程建设安全生产管理规定》(水利部令第 26 号)、《建筑起重机械安全监督管理规定》(建设部令第 166 号)、《水利水电工程施工安全管理导则》(SL 721—2015)。

4.4.15.4　工作要点

(1)施工企业编制的设备管理制度:①要素齐全。设备管理制度中包含设备购置(租赁)、安装(拆除)、检测、验收、使用、检查、保养、维修、改造、报废等内容。制度制定过程中,可将相关内容集中编写,也可分别编写。②各项工作流程、工作要求及职责要清晰。③具有可操作性。④制度内容满足法律法规要求,如特种设备的安装、拆除、检验、验收等应满足《中华人民共和国特种设备安全法》等相关要求。

(2)设备管理机构及人员:施工企业及现场项目部应设置负责设备管理的机构或配

备设备专(兼)职管理人员;并组建由企业(项目部)主要负责人、设备管理相关部门及各级人员组成的设备安全管理网络,并有相关文件作为支撑。

(3)特种设备基本概念:《中华人民共和国特种设备安全法》第二条规定,特种设备是指对人身和财产安全有较大危险性的锅炉、压力容器(含气瓶)、压力管道、电梯、起重机械、客运索道、大型游乐设施、场(厂)内专用机动车辆,以及法律、行政法规规定适用本法的其他特种设备。

国家对特种设备实行目录管理。特种设备目录由国务院负责特种设备安全监督管理的部门制定,报国务院批准后执行。

根据《中华人民共和国特种设备安全法》规定,授权国务院对特种设备采用目录管理方式,由国务院决定将哪些设备和设施纳入特种设备范围。以目录的形式明确实施监督管理的特种设备具体种类、品种范围是为了明确各部门的责任,规范国家实施安全监督管理工作。

国务院特种设备安全监督管理部门会定期公布特种设备目录,凡在特种设备目录中的设备均应依法进行管理。如原国家质检总局于2014年发布的《关于修订〈特种设备目录〉的公告》(2014年第114号)将《中华人民共和国特种设备安全法》明确规定的锅炉、压力容器(含气瓶)、压力管道、电梯、起重机械、客运索道、大型游乐设施、场(厂)内专用机动车辆等特种设备列入目录,并列出特种设备(包括压力管道元件)的相应类别。需要注意的是,《特种设备目录》中的场(厂)内专用机动车辆是指叉车、机动工业车辆和牵引车等,而施工现场的土石方机械(如挖掘机、自卸汽车、压路机等)不属于特种设备范畴。

(4)特种设备制造许可:从事特种设备生产制造的单位应取得特种设备制造许可。施工单位在采购、租赁特种设备时应要求制造单位或供应商提供特种设备的制造许可。

《中华人民共和国特种设备安全法》第十八条规定,国家按照分类监督管理的原则对特种设备生产实行许可制度。特种设备生产单位应当具备下列条件,并经负责特种设备安全监督管理的部门许可,方可从事生产活动:①与生产相适应的专业技术人员。②与生产相适应的设备、设施和工作场所。③有健全的质量保证、安全管理和岗位责任等制度。

《特种设备安全监察条例》第十四条规定,锅炉、压力容器、电梯、起重机械、客运索道、大型游乐设施及其安全附件、安全保护装置的制造、安装、改造单位,以及压力管道用管子、管件、阀门、法兰、补偿器、安全保护装置等的制造单位,应当经国务院特种设备安全监督管理部门许可,方可从事相应的活动。

(5)特种设备安装拆除资质:由于特种设备本身具有潜在危险性的特点,特种设备的安全性能不但与特种设备本身质量安全性能有关,而且与其相关的安全管理、检验检测及作业人员的素质和水平有关。为了保证特种设备的安全性能,作业人员必须具备相应的知识和技能,保证安全管理、检验检测及作业符合安全技术规范要求,才能确保设备运行安全。因此,相关人员必须经过考试,取得相应资格后,方可从事相应的工作。取得特种设备安装拆除资质是保证特种设备安全运行必不可少的基础工作。

针对特种设备发生事故后将造成严重伤亡的后果,《中华人民共和国特种设备安全法》和《特种设备安全监察条例》对于特种设备的安装拆除企业和从业人员提出了资质和资格要求,不具备相应资质和资格的人员不得从业特种设备安装(拆除)工作。

(6)特种设备管理法律规定:对于施工现场经常使用的起重机械类特种设备的管理,《中华人民共和国特种设备安全法》《特种设备安全监察条例》和《建筑起重机械安全监督管理规定》均提出了相应要求。

对于房屋建筑工地和市政工程工地所使用的起重机械,根据《中华人民共和国特种设备安全法》第一百条和《特种设备安全监察条例》第三条的要求,应执行《建筑起重机械安全监督管理规定》。上述两类工地所使用的起重机械和专用机动车辆的安装和使用管理由建设行政主管部门负责,但设备的制造、改造和维修等应执行《中华人民共和国特种设备安全法》和《特种设备安全监察条例》的规定。

《中华人民共和国特种设备安全法》第一百条规定,铁路机车、海上设施和船舶、矿山井下使用的特种设备以及民用机场专用设备安全的监督管理,房屋建筑工地、市政工程工地用起重机械和场(厂)内专用机动车辆的安装、使用的监督管理,由有关部门依照本法和其他有关法律的规定实施。

(7)特种设备监管条例:

①《特种设备安全监察条例》第三条规定,特种设备的生产(含设计、制造、安装、改造、维修,下同)、使用、检验检测及其监督检查,应当遵守本条例,但本条例另有规定的除外。军事装备、核设施、航空航天器、铁路机车、海上设施和船舶以及煤矿矿井使用的特种设备的安全监察不适用本条例。房屋建筑工地和市政工程工地用起重机械、场(厂)内专用机动车辆的安装、使用的监督管理,由建设行政主管部门依照有关法律法规的规定执行。

②《建筑起重机械安全监督管理规定》第十条规定,从事建筑起重机械安装、拆卸活动的单位应当依法取得建设主管部门颁发的相应资质和建筑施工单位安全生产许可证,并在其资质许可范围内承揽建筑起重机械安装、拆卸工程。

③2015年,住建部发布的《建筑业企业资质标准》中明确了,门式起重机、塔式起重机和施工升降机的安装、拆卸应具有"起重设备安装工程专业承包资质标准"。起重设备安装工程专业承包资质分为一级、二级、三级。每级资质所承担的工程规模均有明确规定:一级资质可承担塔式起重机、各类施工升降机和门式起重机的安装与拆卸。二级资质可承担3150 kN·m以下塔式起重机、各类施工升降机和门式起重机的安装与拆卸。三级资质可承担800 kN·m以下塔式起重机、各类施工升降机和门式起重机的安装与拆卸。

对于其他场所起重机械的安装、拆除单位应按《中华人民共和国特种设备安全法》和《特种设备安全监察条例》的规定,取得"特种设备安装改造维修许可证"后方可开展相关作业活动。

④《建筑起重机械安全监督管理规定》第十七条规定,使用单位应当自建筑起重机械安装验收合格之日起 30 日内,将建筑起重机械安装验收资料、建筑起重机械安全管理制度、特种作业人员名单等,向工程所在地县级以上地方人民政府建设主管部门办理建筑起重机械使用登记。登记标志置于或者附着于该设备的显著位置。

(8)特种设备安装、拆除技术方案:检查特种设备安装、拆卸前所编制的技术方案应履行审核、审批手续。根据《水利水电工程施工安全管理导则》(SL 721—2015)的规定,特种设备中的起重机械自身的安装、拆卸属于达到一定规模的危险性较大的单项工程,在实工前应编制技术方案。技术方案的编制、审核等应符合《水利水电工程施工安全管理导则》(SL 721—2015)7.3 的有关规定。

(9)特种设备验收与检定:《中华人民共和国特种设备安全法》规定,特种设备交付或投入使用前,应经具备资质的检验检测机构检验合格。其中,起重机械安装完毕后,使用单位应当组织出租、安装、监理等有关单位进行验收,或者委托具有相应资质的检验检测机构进行验收。建筑起重机械经验收合格后方可投入使用,未经验收或者验收不合格的不得使用。

4.4.15.5 设备台账

施工单位应建立现场施工设备台账,并保证台账信息完整,一般应包含以下内容:

(1)设备来源、类型、数量、技术性能、使用年限等信息。

(2)设施设备进场验收资料。

(3)使用地点、状态、责任人及检测检验、日常维修保养等信息。

(4)采购、租赁、改造计划及实施情况等。

4.4.15.6 特种设备档案

《中华人民共和国特种设备安全法》第三十五条规定,特种设备使用单位应当建立特种设备安全技术档案。安全技术档案应包括以下内容:

(1)特种设备的设计文件、产品质量合格证明、安装及使用维护保养说明、监督检验证明等相关技术资料和文件。

(2)特种设备的定期检验和定期自行检查记录。

(3)特种设备的日常使用状况记录。

(4)特种设备及其附属仪器仪表的维护保养记录。

(5)特种设备的运行故障和事故记录。

设计文件一般包括设计图纸、计算书、说明书等;产品质量合格证明是指企业内部得检验人员出具的检验合格证;安装及使用维修说明包括三部分内容,即安装说明、使用说明、维修说明,这三部分内容内并不是必须具备的,而要根据设备的复杂情况由安全技术规范规定;监督检验证明是指国家特种设备安全监督管理部门核准的检验检测机构对制造过程、安装过程、重大维修过程进行监督检验出具的监督检验合格证书,重大维修过程一般指改变设备参数或者安全性能的修理过程。

4.4.15.7　文件及记录

文件及记录应包含以下内容:

(1)以正式文件发布的设备管理制度。

(2)设备管理机构设立及人员配备文件。

(3)设备采购及验收记录、设备随机相关资料(包括设备设施生产许可证、产品质量合格证等)。

(4)特种设备安装与拆除的相关资料:①特种设备安装(拆除)单位相应资质资料。②安装(拆除)人员资格资料。③特种设备安装(拆除)技术方案及监理批复。④特种设备安装(拆除)旁站记录。⑤特种设备安装后的验收记录。⑥报请有关单位检验合格的记录,包括《特种设备注册登记表》、定期检验合格报告、检验合格证书等。⑦定期检查、维护、保养记录。⑧特种设备事故应急救援预案。

(5)设备台账及档案:①设备台账(注明自有、租赁、特种设备等属性)。②监理进场验收有关记录。③设备管理档案资料及相关记录,如合格证、说明书、设备履历、技术资料等。

4.4.16　设备设施检查

4.4.16.1　基本要求

设备设施运行前,施工单位应进行全面检查;运行过程中,施工单位应按规定进行自检、巡检、旁站监督、专项检查、周期性检查,确保性能完好。

4.4.16.2　设备性能及运行环境

设备性能及运行环境要求如下:①设备结构、运转机构、电气及控制系统无缺陷,各部位润滑良好。②基础稳固,行走面平整,轨道铺设规范。③制动、限位等安全装置齐全、可靠、灵敏。④仪表、信号、灯光等齐全、可靠、灵敏。⑤防护罩、盖板、爬梯、护栏等防护设施完备可靠。⑥设备醒目的位置悬挂有标识牌、检验合格证及安全操作规程。⑦设备干净整洁,无跑冒滴漏。⑧作业区域无影响安全运行的障碍物。⑨同一区域有两台以上设备运行可能发生碰撞时,制定安全运行方案。

4.4.16.3　设备运行

设备操作人员须严格按照操作规程运行设备,运行记录要齐全。

4.4.16.4　租赁设备和分包单位的设备

设备租赁合同或工程分包合同应明确双方的设备管理安全责任和设备技术状况要求等内容。租赁设备或分包单位的设备进入施工现场验收合格后,方可投入使用。租赁设备或分包单位的设备应纳入本单位管理范围。

4.4.16.5　工作依据

工作依据有《中华人民共和国特种设备安全生产法》（主席令第四号）、《中华人民共和国安全生产法》《特种设备安全监察条例》（国务院令第 373 号）、《特种设备使用管理规则》（TSG 08—2017）、《起重机械使用管理规则》（TSG Q5001—2009）、《压力容器使用管理规则》（TSG R5002—2013）、《锅炉使用管理规则》（TSG G5004—2014）、《水利水电工程施工通用安全技术规程》（SL 398—2007）、《水利水电起重机械安全规程》（SL 425—2017）、《水利水电工程施工安全管理导则》（SL 721—2015）等。

4.4.16.6　工作要点

（1）设备运行检查：为保证投入使用的施工机械设备处于良好、安全状态，一般要求施工机械设备投入使用前进行全面、系统的检查，检查合格后再向监理单位履行设备进场报验工作，对不满足合同条件的设备拒绝进场。检查验收内容一般应包括：①型号规格、生产能力、机容机貌、技术状况。②设备制造厂合格证、役龄期。③强制年检设备的（如运输车辆、起重设备、压力容器等）检验合格证。对不满足合同条件的设备拒绝进场，未办理进场验收手续的设备不得投入使用。

运行过程中，施工单位应按相关规定对设备开展各项检查工作。关于设备检查的要求，水利行业目前主要依据《水利水电工程施工通用安全技术规程》（SL 398—2007）、《水利水电工程土建施工安全技术规程》（SL 399—2007）、《水利水电工程金属结构与机电设备安装安全技术规程》（SL 400—2007）和《水利水电起重机械安全规程》（SL 425—2017），对起重机械的检查提出具体规定，对其他施工机械的检查没有相关的技术标准、规范。考虑到建筑行业间施工机械设备的通用性，施工单位在对施工机械设备开展检查时，可参考住建部《施工现场机械设备检查技术规范》（JGJ 160—2016）中规定了 11 大类共 50 种施工机械设备的检查技术要求。例如，动力设备有发电机、空气压缩机；土方及筑路机械有推土机、挖掘机、压路机、液压破碎锤、沥青洒布车等；起重机械有履带起重机、汽车起重机、轮胎起重机、塔式起重机、桥（门）式起重机、施工升降机、电动卷扬机、物料提升机；高空作业设备有高处作业吊篮、附着整体升降脚手架升降动力设备、自行式高空作业平台；混凝土机械有混凝土搅拌机、混凝土喷射机组、混凝土输送泵、混凝土输送泵车、混凝土振捣器；焊接机械有交流电焊机、直流电焊机、钢筋点焊机、钢筋对焊机、竖向钢筋电渣压力焊机；钢筋加工机械有钢筋调直机、钢筋切断机、钢筋弯曲机；非开挖机械有顶管机、盾构机、凿岩台车等。《水利水电工程施工通用安全技术规程》（SL 398—2008）、《水利水电起重机械安全规程》（SL 425—2017）、《特种设备安全技术规范》（TSG Q5001—2009）中规定，对起重机械的日常维护保养的重点是对主要受力结构件、安全保护装置、工作机构、操纵机构、电气（液压、气动）控制系统等进行清洁、润滑、检查、调整、更换易损件和失效的零部件。

（2）使用起重机械前的自行检查应包括以下几项：①整机工作性能。②安全保护、防护装置。③电气（液压、气动）等控制系统的有关部件。④液压（气动）等系统的润滑、冷却系统。⑤制动装置。⑥吊钩及其闭锁装置、吊钩螺母及其放松装置。⑦联轴器。⑧钢丝绳磨损和绳端的固定。⑨链条和吊辅具的损伤。

（3）起重机械的全面检查，除上述要求的自行检查的几项内容外，还应当包括以下几项：①金属结构的变形、裂纹、腐蚀，以及其焊缝、铆钉、螺栓等连接。②主要零部件的变形、裂纹、磨损。③指示装置的可靠性和精度。④电气和控制系统的可靠性。

必要时，起重机械还需要进行相关的载荷试验。使用单位可以根据起重机械工作的繁重程度和环境条件的恶劣状况，确定高于相关技术标准的日常维护保养、自行检查和全面检查的周期和内容。

（4）设备性能及运行环境：施工单位应对照相关技术标准、规范和管理制度检查现场设备性能及运行环境是否合规，并形成检查记录。施工单位应针对此项工作，根据不同设备特点，依据相关技术标准、规范和设备技术文件编制详细的检查要求（表格），除开展定期的检查工作外，还应做好日常的动态检查工作，确保设备性能及运行环境始终处于安全状态。

施工单位应重点检查现场设备之间是否存在发生碰撞的可能，如多台起重机械成群或相邻布置、土方施工机械交叉作业等。施工单位应制定设备运行管理措施，通过科学合理的调度运行、可靠的防护措施、设置必要的安全警示标志等，确保设备不互相发生碰撞，避免生产安全事故的发生。

（5）设备运行：施工单位应针对不同设备制定设备运行检查工作要求，设备运行期间由操作人员及时、准确、真实地记录设备运行的情况，以保证设备处于良好的运行状态，杜绝设备带病运行的情况发生。运行记录本建议装订成册，并随设备携带，随时记录，记满后由项目部及时收回存档。设备运行记录以打印形式或不随设备携带的做法均不规范，不能保证运行记录的真实性。

（6）租赁设备和分包方的设备管理：对于租赁的设备和分包方的设备，应在租赁合同和分包合同中明确双方安全责任，安全责任划分应清晰、明确、与实际相符。

施工企业对租赁和分包方设备的管理要求，在《建设工程安全生产管理条例》中有明确的规定：

施工单位采购、租赁的安全防护用具、机械设备、施工机具及配件，应当具有生产（制造）许可证、产品合格证，并在进入施工现场前进行查验。

施工单位在使用施工起重机械和整体提升脚手架、模板等自升式架设设施前，应当组织有关单位进行验收，也可以委托具有相应资质的检验检测机构进行验收：使用承租的机械设备和施工机具及配件的，由施工总承包单位、分包单位、出租单位和安装单位共同进行验收。验收合格的方可使用。

施工单位应对租赁和分包商的设备视为自有设备进行管理。相关管理要求包括进场验收、检查、运行记录、维修保养等工作应与自有设备管理要求相同,只是实施主体不同,施工单位应履行对租赁和分包商设备的监督检查职责,并提供相关工作记录。

4.4.16.7 文件及记录

文件及记录应包含以下内容:

(1)设备设施检查资料:①设备运行前检查记录。②设备运行过程中的各项检查记录。

(2)设备性能及运行环境资料:①设备性能及运行环境检查记录。②同一区域有两台以上设备共同运行时制定的安全措施。

(3)设备运行记录。

(4)租赁及分包单位设备资料:①设备台账。②设备租赁合同或工程分包合同。③设备进场验收记录(含监理记录资料)。④《水利安全生产标准化评审标准》4.2.1中要求的各项管理记录。

4.4.17 安全设施管理

4.4.17.1 基本要求

建设项目安全设施必须执行"三同时"制度;临边、沟、坑、孔洞、交通梯道等危险部位的栏杆、盖板等设施要齐全、牢固可靠;高处作业等危险作业部位须按规定设置安全网等设施;施工通道应稳固、畅通;垂直交叉作业等危险作业场所须设置安全隔离棚;机械、传送装置等的转动部位须安装可靠的防护栏、罩等安全防护设施;临水和水上作业应有可靠的救生设施;暴雨、台风、暴风雪等极端天气前后组织有关人员对安全设施进行检查或重新验收。

4.4.17.2 工作依据

工作依据有《水利水电工程通用安全技术规程》(SL 398—2007)、《水利水电工程施工安全防护设施技术规范》(SL 714—2015)、《机械安全防护装置固定式和活动式防护装置设计与制造一般要求》(GB/T 8196—2003)等。

4.4.17.3 工作要点

施工现场的安全防护设施管理应符合相关技术标准。《水利水电工程通用安全技术规程》(SL 398—2007)规定了安全防护设施技术要求,内容包括基本规定,施工脚手架,高处作业,施工走道,栈桥与梯子,栏杆、盖板与防护棚,安全防护用具等多个方面,并对各项安全防护设施的技术标准和要求进行了明确的规定。

《水利水电工程施工安全防护设施技术规范》(SL 714—2015)中规定了水利水电工程新建、扩建、改建及维修加固工程施工现场安全防护设施的设置,对施工区域、作业面、通道、施工设备、机具、施工支护等相关技术要求提出了明确要求,内容包括安全防护栏杆、施工脚手架、施工通道、盖板与防护棚、施工设备机具防护、临时设施等。

在施工过程中,《水利水电工程施工通用安全技术规程》(SL 398—2007)、《水利水电工程施工安全防护设施技术规范》(SL 714—2015)中未进行详细规定的安全防护设施标准,可参考《建筑施工高空作业安全技术规范》(JGJ 80—2016)中的有关规定。

《建筑施工高空作业安全技术规范》对于洞口及交叉作业的防护给出了明确的技术要求。在洞口作业时,应采取防坠落措施,并应符合下列规定:

①当垂直洞口短边边长小于 500 m 时,应采取封堵措施;当垂直洞口短边边长大于或等于 500 m 时,应在临空一侧设置高度不小于 1.2 m 的防护栏杆,并应采用密目式安全立网或工具式栏板封闭,设置挡脚板。

②当非垂直洞口短边边长为 25~500 mm 时,应采用承载力满足使用要求的盖板覆盖,盖板四周搁置应均衡,且应防止盖板移位。

③当非垂直洞口短边边长为 500~1500 mm 时,应采用专项设计盖板覆盖,并应采取固定措施。

④当非垂直洞口短边长大于或等于 1500 mm 时,应在洞口作业侧设置高度不小于 1.2 m 的防护栏杆,并应采用密目式安全立网或工具式栏板封闭;洞口应采用安全平网封闭。

⑤当建筑物高度大于 24 m,并采用木板搭设时,应搭设双层防护棚,两层防护棚的间距不应小于 700 mm。

4.4.17.4　施工设备、机具安全防护装置技术要求

对于施工设备、机具的安全防护装置技术要求,《水利水电工程施工安全防护设施技术规范》(SL 714—2015)的中有详细规定。设备、机具的安全防护装置设计和制造,应符合《机械安全防护装置固定式和活动式防护装置设计与制造一般要求》(GB/T 8196—2003)规定,此标准中规定了用于保护人员免受机械性危险伤害的防护装置的设计和制造的一般要求。

4.4.17.5　安全防护设施检查验收

暴雨、台风、暴风雪等极端天气前后,施工单位应组织有关人员对安全设施进行检查或重新验收,工作过程中应注意检查或重新验收工作开展的时间节点。为保证安全防护设施在经历极端天气前后,安全防护设施处于有效工作状态,施工单位应分二次进行检查。一是在极端天气来临前,根据所掌握的气象信息,施工单位对安全设施进行全面检查,防止安全防护设施在极端天气过程中失效导致安全事故。二是极端天气过后,施工单位应组织相关人员对安全设施进行全面检查和重新验收,及时发现、处理因极端天气对安全防护设施造成的损毁。

4.4.17.6　文件及记录

文件及记录应包含以下内容:

(1)安全防护设施管理制度。

(2)监督检查、验收记录(含极端天气前、后的检查、验收记录)。

(3)各类安全防护设施检查、验收记录。

4.4.18 设备设施维修保养

4.4.18.1 基本要求

施工单位应根据设备安全状况编制设备维修保养计划或方案,对设备进行维修保养;维修保养作业应落实安全措施,并明确专人监护;维修结束后,施工单位应组织验收;维修保养记录应规范。

4.4.18.2 工作依据

工作依据有《水利水电工程施工通用安全技术规程》(SL 398—2007)、《水利水电工程土建施工安全技术规程》(SL 399—2007)、《水利水电工程施工安全管理导则》(SL 721—2015)。

4.4.18.3 工作要点

(1)编制设备维修保养计划:施工单位的设备维修保养计划应详细、具体、有可操作性。针对有特殊要求的设备,施工单位的设备维修保养计划还应符合相关技术标准、规范及设备自身的技术要求,必要时还应制定维修保养安全措施。设备维修保养计划的内容应具体到每台设备维修保养时间、维修保养项目、责任人等。

(2)施工单位应依据设备维修保养计划,开展维护保养工作。对于大型设施设备,施工单位应在维修保养过程中安排专人进行监护,严格落实各项安全措施,并形成工作记录。

(3)验收:检查维修保养工作结束后,施工单位应组织维修、设备管理等人员进行验收,对维修保养过程进行验证,确认维修保养工作满足相关要求,杜绝维修保养后未经验收或验收不合格的设备投入使用。

(4)维修保养记录:设备使用单位应对维修保养工作进行详细记录,内容应齐全、完整,保证真实。维修保养记录包括维修保养的时间、人员、项目、维修保养过程、验收检查记录、责任人签字等内容。

4.4.18.4 文件及记录

文件及记录应包含以下内容:

(1)包含设备维修保养的管理制度。

(2)设备维修保养计划。

(3)设备维修保养台账。

(4)设备维修保养工作记录。

(5)专人监护工作记录。

(6)设备维修保养验收记录。

4.4.19 特种设备管理

4.4.19.1 基本要求

特种设备管理的基本要求如下:①按规定对特种设备进行登记、建档、使用、维护保养、自检、定期检验以及报废。②有关记录应规范。③制定特种设备事故应急措施和救援预案。④达到报废条件的及时向有关部门申请办理注销。⑤建立特种设备技术档案,包括设计文件、制造单位、产品质量合格证明、使用维护说明等文件以及安装技术文件和资料;定期检验和定期自行检查的记录;日常使用状况记录;特种设备及其安全附件、安全保护装置、测量调控装置及有关附属仪器仪表的日常维护保养记录;运行故障和事故记录;高耗能特种设备的能效测试报告、能耗状况记录以及节能改造技术资料。⑥安全附件、安全保护装置、安全距离、安全防护措施以及与特种设备安全相关的建筑物、附属设施应当符合有关规定。

4.4.19.2 工作依据

工作依据有《中华人民共和国特种设备安全生产法》(主席令第四号)、《特种设备安全监察条例》(国务院令第373号)、《建筑起重机械安全监督管理规定》(建设部令第166号)、《固定式压力容器安全技术监察规程》(TSG 21—2016)、《锅炉定期检验规则》(TSG G7002—2015)、《移动式压力容器安全技术监察规程》(TSG R0005—2011)、《气瓶安全技术监察规程》(TSG R0006—2014)、《起重机械使用管理规则》(TSG Q5001—2009)、《起重机械定期检验规则》(TSG Q7015—2016)、《场(厂)内专用机动车辆安全技术监察规程》(TSG N0001—2017)、《安全阀安全技术监察规程》(TSG ZF001—2006)、《水利水电起重机械安全规程》(SL 425—2017)、《水利水电工程施工安全管理导则》(SL 721—2015)等。

4.4.19.3 工作要点

(1)特种设备管理:

根据《中华人民共和国特种设备安全法》的规定,特种设备制造、使用过程中应开展监督检验、定期检验和定期自行检查。关于监督检验,《水利安全生产标准化评审标准》已作出说明。

(2)特种设备的档案资料:

施工单位所使用的特种设备应按有关规定登记、建档。关于特种设备的档案资料,《中华人民共和国特种设备安全法》第三十五条规定,特种设备使用单位应当建立特种设备安全技术档案。安全技术档案应当包括以下内容:

①特种设备的设计文件、产品质量合格证明、安装及使用维护保养说明、监督检验证

75

明等相关技术资料和文件。

②特种设备的定期检验和定期自行检查记录。

③特种设备的日常使用状况记录。

④特种设备及其附属仪器仪表的维护保养记录。

⑤特种设备的运行故障和事故记录。

4.4.19.4 定期检验

定期检验是指定期检查验证特种设备的安全性能是否符合安全技术规范。检验检测机构接到定期检验要求后,应当按照安全技术规范的要求及时进行安全性能检验和能效测试。

《中华人民共和国特种设备安全法》第三十九条规定,特种设备使用单位应当对其使用的特种设备进行经常性维护保养和定期自行检查,并作出记录。特种设备使用单位应当对其使用的特种设备的安全附件、安全保护装置进行定期校验、检修,并作出记录。

做好在用特种设备的定期检验工作是特种设备安全监督管理的一项重要制度,是确保安全使用的必要手段。所有特种设备在运行中,腐蚀、疲劳、磨损等随着使用时间的增长,会出现一些新的问题,或原来允许存在的问题逐步扩大,从而带来事故隐患。通过定期检验可以及时发现这些问题,以便采取措施进行处理,保证特种设备能够运行至下一个周期。特种设备使用单位应当按照安全技术规范的要求,在检验合格有效期届满前一个月向所在辖区内有相应资质的特种设备检验机构提出定期检验要求。

根据特种设备本身结构和使用情况,有关检验检测的安全技术规范中规定了特种设备的检验周期,如锅炉一般为 2 年,压力容器为 3～6 年,电梯为 1 年等。经过检验,特种设备的下次检验日期应在检验报告或检验合格证明中注明。使用登记标记和检验合格标记是证明该设备合法使用的证明,应将其置于显著位置,提示使用者设备在有效期内,可以安全使用。

特种设备检验机构接到定期检验要求后,应当按照安全技术规范的要求及时进行安全性能检验。特种设备使用单位应当将定期检验标志置于该特种设备的显著位置。未经定期检验或者检验不合格的特种设备,不得继续使用。

特种设备的安全附件是指锅炉、压力容器、压力管道等承压类设备上用于控制温度、压力、容量、液位等技术参数的测量、控制仪表或装置,通常指安全阀、爆破片、液(水)位计、温度计等及其数据采集处理装置。

特种设备的安全保护装置是指电梯、起重机械、客运索道、大型游乐设施和场(厂)内专用机动车辆等机电类设备上,用于控制位置、速度、防止坠落的装置,通常指限速器、安全钳、缓冲器、制动器、限位装置、安全带(压杠)、门锁及其连锁装置等。

有的特种设备的安全附件、安全保护装置在特种设备出现异常情况时起到自我保护的作用,如锅炉、压力容器、压力管道上的安全阀,电梯的安全钳,起重机械的超载限制器等;有的安全附件、安全保护装置是观察特种设备是否正常使用的"眼睛",如锅炉的温度计、水位表等。如果安全附件、保护装置失灵,特种设备在出现异常现象时,可能得不到自我保护。据统计分析,因安全附件、安全保护装置等失灵引起的事故占事故总起数的16.2%。因此,对在用特种设备的安全附件、安全保护装置进行定期校验、检修十分重要,必须切实做好检查和维修,并作出记录。计量仪器、仪表,如压力表等属于计量强检的设备应当按照计量法律法规的要求,经计量部门检定。

上述工作中所提到的安全技术规范应执行质量技术监督总局发布的系列特种设备的有关技术规范和标准。

4.4.19.5　特种设备的能耗管理

特种设备能效指标是指按照规定的测试程序确定的特种设备产品能源转换或能源利用效率的目标值(最高能效)和限定值(最低能效)。国家以安全技术规范或强制性标准的形式公布了各类特种设备产品的能效指标。生产企业在出厂随机文件中标明其产品的能效指标(目标值和限定值)时,应当同时明确达到能效指标(目标值和限定值)时的工况和条件。

《中华人民共和国特种设备安全法》第十九条规定,特种设备生产单位应当保证特种设备生产符合安全技术规范及相关标准的要求,对其生产的特种设备的安全性能负责。不得生产不符合安全性能要求和能效指标以及国家明令淘汰的特种设备。生产经营单位在采购、使用特种设备时应当选择符合规定的产品。

《中华人民共和国节约能源法》第十六条规定,对高耗能的特种设备,按照国务院的规定实行节能审查和监管。根据该规定,负责特种设备监督管理的部门应制定高耗能特种设备节能管理办法,并结合实施的安全监督管理工作,开展设计文件节能方面审查、能耗测试等工作。

4.4.19.6　文件及记录

文件及记录应包含以下内容:

(1)特种设备定期检验申请。

(2)特种设备定期检验报告。

(3)特种设备定期检验合格标志。

(4)特种设备自行检查、维护保养记录。

(5)特种设备应急措施或预案。

(6)特种设备报废档案。

4.4.20　设备报废

4.4.20.1　基本要求

若设备设施存在严重安全隐患,无改造、维修价值,或者超过规定使用年限,应当及时报废。

4.4.20.2 工作依据

工作依据有《中华人民共和国特种设备安全法》（主席令第四号）、《建设工程安全生产管理条例》（国务院令第 393 号）、《水利水电工程施工安全管理导则》（SL 721—2015）。

4.4.20.3 工作要点

设备报废应注意以下几点：

(1)施工单位应检查施工现场是否存在应报废未报废且正常使用的设备。

(2)已报废的设备应进行了现场封存或撤出现场。《建设工程安全生产管理条例》第三十四条对设备报废提出了明确要求，施工单位采购、租赁的安全防护用具、机械设备、施工机具及配件，应当具有生产（制造）许可证、产品合格证，并在进入施工现场前进行查验。施工现场的安全防护用具、机械设备、施工机具及配件应设专人管理，定期进行检查、维修和保养，建立相应的资料档案，并按照国家有关规定及时报废。

4.4.20.4 文件及记录

文件及记录应包含以下内容：

(1)设备台账。

(2)设备检查、拆除、报废记录。

(3)设备报废管理制度。

4.4.21 设备设施拆除

4.4.21.1 基本要求

施工单位应在设备设施拆除前制订方案，办理作业许可，作业前进行安全技术交底，现场设置警示标志并采取隔离措施，按方案组织拆除。

4.4.21.2 文件及记录

文件及记录应包含以下内容：

(1)拆除方案。

(2)作业许可批复。

(3)安全技术交底记录。

4.4.22 作业安全

4.4.22.1 施工现场管理

施工总体布局与分区应合理，规范有序，符合安全文明施工、交通、消防、职业健康、环境保护等有关规定。

4.4.22.2 工作依据

工作依据有《建设工程施工现场消防安全技术规范》（GB 50720—2011）、《水利水电工程施工组织设计规范》(SL 303—2017)、《水利水电工程施工通用安全技术规程》(SL 398—2007)、《水利水电工程施工安全防护设施技术规范》(SL 714—2015)、《水利水电工程施工安全管理导则》(SL 721—2015)等。

4.4.22.3 工作要点

施工单位可参照《建筑施工安全检查标准》(JGJ 59—2011)的有关规定进行管理,并定期开展检查。检查工作可与综合检查、专项检查、季节性检查、节假日检查、日常检查等工作结合开展。

4.4.22.4 文件及记录

文件及记录应包含以下内容:

(1)经批复的现场总体布置文件。

(2)现场检查记录。

4.4.23 施工技术管理

4.4.23.1 基本要求

施工技术管理的基本要求如下:

(1)施工单位应设置施工技术管理机构,配足施工技术管理人员,建立施工技术管理制度,明确职责、程序及要求。

(2)工程开工前,施工单位应参加设计交底,并进行施工图会审。

(3)施工单位应对施工现场安全管理和施工过程的安全控制进行全面策划,编制安全技术措施,并进行动态管理。

(4)达到一定规模的危险性较大单项工程应编制专项施工方案,超过一定规模的、危险性的较大单项工程的专项施工方案应组织专家论证。施工组织设计、施工方案等技术文件的编制、审核、批准、备案应规范。

(5)施工前,施工单位应按规定分层次进行交底,并在交底书上签字确认。专项施工方案实施时,施工单位应安排专人现场监护,方案编制人员、技术负责人应现场检查指导。

4.4.23.2 工作依据

工作依据有《建设工程安全生产管理条例》(国务院令第393号)、《水利工程建设安全生产管理规定》(水利部令第26号)、《水利水电工程施工通用安全规程》(SL 398—2007)、《水利水电工程施工安全管理导则》(SL 721—2015)等。

4.4.23.3 工作要点

(1)施工技术管理制度:

施工企业应编制施工技术管理制度,制度中应重点明确施工组织设计(包含安全技术措施)、专项施工方案等的内部编制、审核、审批要求,明确主管部门(技术管理机构)及责任人。施工组织设计及专项施工方案应由项目经理组织编写,施工单位技术负责人进行审批。关于技术措施的审批,《建设工程安全生产管理条例》第二十六条规定,施工单位应当在施工组织设计中编制安全技术措施和施工现场临时用电方案,对下列达到一定规模的危险性较大的分部分项工程编制专项施工方案,并附具安全验算结果,经施工单位技术负责人、总监理工程师签字后实施,由专职安全生产管理人员进行现场监督:

①基坑支护与降水工程。

②土方开挖工程。

③模板工程。

④起重吊装工程。

⑤脚手架工程。

⑥拆除、爆破工程。

⑦国务院建设行政主管部门或者其他有关部门规定的其他危险性较大的工程。

(2)施工组织设计(包含安全技术措施)和专项施工方案所编写的内容应符合相关标准、规范,特别是强制性条文的要求。专项方案的编制、审核、论证和审批等具体要求应符合《水利水电工程施工安全管理导则》(SL 721—2015)的相关规定。

(3)经内部审核、审批后的施工组织设计(包含安全技术措施)和专项施工方案应按合同约定的程序报监理单位(或项目法人)审批后施行。

(4)安全技术措施专篇:根据《水利水电工程施工安全管理导则》(SL 721—2015)的规定,施工单位在编制施工组织设计时,其中的安全技术措施专篇应包括以下内容:

①安全生产管理机构设置、人员配备和安全生产目标计划。

②危险源的辨识、评价及采取的控制措施、生产安全事故隐患排查治理方案。

③安全警示标志设置。

④安全防护措施。

⑤危险性较大的单项工程安全技术措施。

⑥对可能造成损害的毗邻建筑物、构筑物和地下管线等专项防护措施。

⑦机电设备使用安全措施。

⑧冬季、雨季、高温等不同季节及不同施工阶段的安全措施。

⑨文明施工及环境保护措施。

⑩消防安全措施。

⑪危险性较大的单项工程专项施工方案等。

4.4.23.4 专项施工方案

(1)方案的编制:

根据《水利工程建设安全生产管理规定》(水利部令第 26 号)和《水利水电工程施工安全管理导则》(SL 721—2015)的规定,水利工程施工过程中,对达到一定规模和超过一定规模的单项工程应编制专项施工方案,超过一定规模的单项工程专项施工方案还应组织专家进行论证。除《水利水电工程施工安全管理导则》(SL 721—2015)中的相关规定外,《水利水电工程施工通用安全规程》(SL 398—2007)规定,对进行三级、特级、悬空高处作业时,施工单位应事先制定专项安全技术措施。施工前,施工单位应向所有施工人员进行技术交底。三级及以上高处作业也要求编制专项施工方案,并且为强制性条文。根据《水利水电工程施工安全管理导则》(SL 721—2015)的规定,专项施工方案的内容一般应包括以下内容:

①工程概况:危险性较大的单项工程概况、施工平面布置、施工要求和技术保证条件。

②编制依据:相关法律、法规、规章、制度、标准及图纸(国标图集)、施工组织设计等。

③施工计划:包括施工进度计划、材料与设备计划等。

④施工工艺技术:技术参数、工艺流程、施工方法、质量标准、检查验收等。

⑤施工安全保证措施:组织保障、技术措施、应急预案、监测监控等。

⑥劳动力计划:专职安全生产管理人员、特种作业人员等。

⑦设计计算书及相关图纸等。

(2)危险性较大的单项工程的管理:

《水利水电工程施工安全管理导则》(SL 721—2015)规定,达到一定规模的危险性较大的单项项工程主要包括下列几种:

①基坑支护、降水工程:开挖深度达到 3(含 3 m)～5 m 或虽未超过 3 m 但地质条件和周边环境复杂的基坑(槽)支护、降水工程。

②土方和石方开挖工程:开挖深度达到 3(含 3 m)～5 m 的基坑(槽)的土方和石方开挖工程。

③模板工程及支撑体系:各类工具式模板工程,包括大模板、滑模、爬模、飞模等工程;混凝土模板支撑工程,即搭设高度为 5～8 m,搭设跨度为 10～18 m,施工总荷载为 10～15 kN/m²,集中线荷载为 15～20 kN/m²,高度大于支撑水平投影宽度且相对独立无联系构件的混凝土模板支撑工程;承重支撑体系,即用于钢结构安装等满堂支撑体系。

④起重吊装及安装拆卸工程:采用非常规起重设备、方法,且单件起吊重量在 10～100 kN 的起重吊装工程;采用起重机械进行安装的工程;起重机械设备自身的安装、拆卸。

⑤脚手架工程:搭设高度 24～50 m 的落地式钢管脚手架工程;附着式整体和分片提升脚手架工程;悬挑式脚手架工程;吊篮脚手架工程;自制卸料平台、移动操作平台工程;新型及异型脚手架工程。

⑥拆除、爆破工程。

⑦围堰工程。

⑧水上作业工程。

⑨沉井工程。

⑩临时用电工程。

⑪其他危险性较大的工程。

《水利水电工程施工安全管理导则》(SL 721—2015)规定,超过一定规模的危险性较大的单项工程主要包括下列几种:

①深基坑工程:开挖深度超过5 m(含5 m)的基坑(槽)的土方开挖、支护、降水工程;开挖深度虽未超过5 m,但地质条件、周围环境和地下管线复杂,或影响毗邻建筑(构筑)物安全的基坑(槽)的土方开挖、支护、降水工程。

② 模板工程及支撑体系:工具式模板工程,包括滑模、爬模、飞模工程;混凝土模板支撑工程,即搭设高度8 m及以上,搭设跨度18 m及以上,施工总荷载15 kN/m² 及以上,集中线荷载20 kN/m² 及以上的工程;承重支撑体系,即用于钢结构安装等满堂支撑体系,承受单点集中荷载700 kg以上。

③起重吊装及安装拆卸工程:采用非常规起重设备、方法,且单件起吊重量在100 kN及以上的起重吊装工程;起重量300 kN及以上的起重设备安装工程;高度200 m及以上内爬起重设备的拆除工程。

④脚手架工程:搭设高度50 m及以上落地式钢管脚手架工程;提升高度150 m及以上附着式整体和分片提升脚手架工程;架体高度20 m及以上悬挑式脚手架工程。

⑤拆除、爆破工程:采用爆破拆除的工程;可能影响行人、交通、电力设施、通讯设施或其他建构筑物安全的拆除工程;文物保护建筑、优秀历史建筑或历史文化风貌区控制范围的拆除工程。

⑥其他工程:开挖深度超过16 m的人工挖孔桩工程;地下暗挖工程、顶管工程、水下作业工程;采用新技术、新工艺、新材料、新设备及尚无相关技术标准的危险性较大的单项工程。

施工单位应在施工现场对照上述标准,确定需要编制专项施工方案的单项工程,组织进行编制。

(3)施工专项方案的管理:

对于施工单位编制的安全技术措施及专项施工方案而言,管理的重点主要有两方面:一是方案内容应符合标准、规范,特别是强制性条文的规定,并符合现场实际施工要求。二是方案的编制、审核、审批等管理工作应符合相关规定的要求。

根据《水利水电工程施工安全管理导则》(SL 721—2015)的规定,专项施工方案应由施工单位技术负责人组织施工技术、安全、质量等部门的专业技术人员进行审核。经审核合格的专项施工方案应由施工单位技术负责人签字确认;实行分包的专项施工方案应由总承包单位和分包单位技术负责人共同签字确认;不需专家论证的专项施工方案,经施工单位审核合格后应报监理单位,由项目总监理工程师审核签字,并报项目法人备案。

关于专项施工方案的论证,《水利水电工程施工安全管理导则》(SL 721—2015)规定,对于超过一定规模的危险性较大的单项工程专项施工方案应由施工单位组织召开审查论证会。审查论证会应有下列人员参加:①专家组成员。②项目法人单位负责人或技术负责人。③监理单位总监理工程师及相关人员。④施工单位分管安全的负责人、技术负责人、项目负责人、项目技术负责人、专项施工方案编制人员、项目专职安全生产管理人员。⑤勘察、设计单位项目技术负责人及相关人员等。

审查论证会的专家组应由5名及以上符合相关专业要求的专家组成,各参建单位人员不得以专家身份参加审查论证会。专家组成员应具备以下基本条件:①诚实守信、作风正派、学术严谨。②从事相关专业工作15年以上或具有丰富的专业经验。③具有高级专业技术职称。

审查论证会应就以下主要内容进行审查论证,并提交论证报告:①专项施工方案是否完整、可行,质量、安全标准是否符合工程建设标准强制性条文规定。②设计计算书是否符合有关标准规定。③施工的基本条件是否符合现场实际等。

审查论证报告应对审查论证的内容提出明确的意见,并经专家组成员签字。专项施工方案的审批施工单位应根据审查论证报告修改完善专项施工方案,经施工单位技术负责人、总监理工程师、项目法人单位负责人审核签字后,方可组织实施。

工作开展过程中,除应对方案的合规性、适用性进行检查外,还应注意检查方案的编制、审核、论证、审批程序是否符合规范要求。只有内容合规、适用,审批程序合规的专项施工方案才能在工程中应用。

(4)图纸会审:

施工单位在接收到由监理单位签发的施工图纸后,应组织技术管理人员进行图纸核查,参加施工图技术交底,针对核查中发现的问题,及时提交监理单位协调设计单位进行解释、说明。

(5)安全技术交底:

施工单位施工组织设计和专项方案实施之前,应向相关人员进行安全技术交底,使管理人员、作业人员熟悉、掌握方案的要点。《水利水电工程施工安全管理导则》(SL 721—2015)对方案交底工作提出了要求:

①工程开工前,施工单位技术负责人应就工程概况、施工方法、施工工艺、施工程序、安全技术措施和专项施工方案,向施工技术人员、施工作业队(区)负责人、工长、班组长和作业人员进行安全交底。

②单项工程或专项施工方案施工前,施工单位技术负责人应组织相关技术人员、施工作业队(区)负责人、工长、班组长和作业人员进行全面、详细的安全技术交底。

③各工种施工前,技术人员应进行安全作业技术交底。

④每天施工前,班组长应向工人进行施工要求、作业环境的安全交底。

⑤交叉作业时,项目技术负责人应根据工程进展情况定期向相关作业队和作业人员进行安全技术交底。

⑥施工过程中,若施工条件或作业环境发生变化,施工单位应补充交底;若相同项目连续施工超过一个月或不连续重复施工,施工单位应重新交底。

⑦安全技术交底应包含安全交底单,并由交底人与被交底人签字确认。安全交底单应及时归档。

⑧安全技术交底必须在施工作业前进行,任何项目在没有交底前不得进行施工作业。

⑨在工作开展过程中,应注意检查:施工组织设计(包含安全技术措施)和全部专项施工方案是否都履行了交底的手续;交底的组织形式是否符合规范规定;交底记录及相关人员签字是否齐全。

⑩方案实施:施工单位应严格按照专项施工方案组织施工,不得擅自修改、调整专项施工方案。如因设计、结构、外部环境等因素发生变化确需修改的,修改后的专项施工方案应当重新审核。对于超过一定规模的危险性较大的单项工程的专项施工方案,施工单位应重新组织专家进行论证。所有编制专项施工方案的单项工程在实施过程中,均应按专人进行现场监护,对监护情况进行详细记录并存档。《水利水电工程施工通用安全规程》(SL 398—2007)规定,爆破、高边坡、隧洞、水上(下)、高处、多层交叉施工、大件运输、大型施工设备安装及拆除等危险作业应有专项安全技术措施,并设专人进行安全监护。

(6)方案验收:

对于危险性较大的单项工程,施工单位、监理单位应组织有关人员进行验收。经验收合格的单项工程,经施工单位(项目部)技术负责人及总监理工程师签字后,方可进入下一道工序。

4.4.23.5 文件及记录

文件及记录应包含以下内容:

(1)以正式文件发布的施工技术管理制度。

(2)施工技术管理机构及人员配备文件。

(3)施工图会审记录。

(4)施工组织设计(安全技术措施)及监理审批记录。

(5)专项施工方案文本和论证、审查、审批记录。

(6)施工组织设计、专项施工方案分级安全技术交底记录。

(7)危险性较大单项工程现场监督检查记录。

(8)危险性较大单项工程验收记录。

4.4.24 施工用电管理

4.4.24.1 基本要求

施工单位按照有关法律法规、技术标准做好施工用电管理:①建立施工用电管理制度。②按规定编制用电组织设计或制定安全用电和电气防火措施。③外电线路及电气设备防护满足要求。④配电系统、配电室、配电箱、配电线路等符合相关规定。⑤自备电源与网供电源的连锁装置应安全可靠。⑥接地与防雷满足要求。⑦电动工器具使用管理符合规定。⑧照明满足安全要求。⑨施工用电应经验收合格后投入使用,并定期组织检查。

4.4.24.2 工作依据

工作依据有《建设工程施工现场供用电安全规范》(GB 50194—2014)、《水利水电工程通用安全技术规程》(SL 398—2007)、《水利水电工程施工安全防护设施技术规范》(SL 714—2015)、《水利水电工程施工安全管理导则》(SL 721—2015)等。

4.4.24.3 工作要点

(1)施工用电管理制度:

施工单位应编制施工现场的施工临时用电管理制度,用以规范方案编制、临时用电系统建设、检查、维修等工作内容。目前,水利行业的相关技术标准中,对于施工现场临时用电的技术要求规定不够详细、具体,在施工过程中可参照《施工现场临时用电安全技术规范》(JGJ 46—2005)。

(2)施工用电技术方案编制:

《水利水电工程通用安全技术规程》(SL 398—2007)4.1.1规定,施工单位应编制施工用电方案及安全技术措施。《水利水电工程施工安全管理导则》(SL 721—2015)规定,现场临时用电属于达到一定规模的危险性较大的单项工程,需要编制专项施工方案,并按要求组织审核、报监理单位审批、项目法人单位备案。

《施工现场临时用电安全技术规范》(JGJ 46—2005)中对需要编制施工用电方案及安全技术措施的情形作出了明确规定,在水利工程施工过程中可参考执行。施工现场临时用电设备在5台及以上或设备总容量在50 kW及以上者,应编制用电组织设计。施工现场临时用电组织设计应包括下列内容:①现场勘测。②确定电源进线、变电所或配电室、配电装置、用电设备位置及线路走向。③进行负荷计算。④选择变压器。⑤设计配电系统:设计配电线路,选择导线或电缆;设计配电装置,选择电器;设计接地装置;绘制临时用电工程图纸,主要包括用电工程总平面图、配电装置布置图、配电系统接线图、接地装置设计图。⑥设计防雷装置。⑦确定防护措施。⑧制定安全用电措施和电气防火措施。

施工现场临时用电设备在5台以下和设备总容量在50 kW以下者,应制定安全用电和电气防火措施,并应符合《施工现场临时用电安全技术规范》(JGJ 46—2005)3.1.4、3.1.5的规定。施工现场临时用电系统按批复的技术方案建设完成后,应由施工单位自行组织验收,经验收合格方可投入使用。有关验收的要求应参照《施工现场临时用电安全技术规范》(JGJ 46—2005)和《建设工程施工现场供用电安全规范》(GB 50194—2014)的相关规定执行。

《施工现场临时用电安全技术规范》(JGJ 46—2005)规定,临时用电工程必须经编制、审核、批准部门和使用单位共同验收,合格后方可投入使用。

《建设工程施工现场供用电安全规范》(GB 50194—2014)规定,供用电工程施工完毕,电气设备应按现行国家标准《电气装置安装工程电气设备交接试验标准》(GB 50150—2016)的规定试验合格。供用电工程施工完毕后,应有完整的平面布置图、系统图、隐蔽工程记录、试验记录,经验收合格后方可投入使用。

4.4.24.4 施工配电系统

(1)《施工现场临时用电安全技术规范》(JGJ 46—2005)1.0.3规定,建筑施工现场临时用电工程专用的电源中性点直接接地的220 V/380 V三相四线制低压电力系统,必须符合下列规定:①采用三级配电系统。②采用TN-S接零保护系统。③采用二级漏电保护系统。也就是说,施工现场有专用电源(通常指变压器)的,必须采用TN-S接零保护系统。如果施工现场没有专用变压器,而是从电网中直接接入,则应与电网系统保持一致。

(2)关于电缆的芯数,《施工现场临时用电安全技术规范》(JGJ 46—2005)7.2.1规定,电缆中必须包含全部工作芯线和用作保护零线或保护线的芯线。需要三相四线制配电的电缆线路必须采用五芯电缆。

(3)在TN-S接零保护系统中,电缆的芯数主要取决于负荷(通常指用电设备)的情况,如三相动力设备、圆盘锯、平刨、钢筋弯曲机、钢筋切断机等设备,三根相线能工作,外加一根保护零线(PE线),总计四芯,即三相三线四芯电缆就能满足TN-S接零保护要求;照明设备一般为一根相线和一根工作零线(N线),外加一根保护零线(P线),总计三芯,即单相两线三芯电缆就能满足TN-S接零保护要求。交流电弧焊机为两根相线,外加一根保护零线(PE线),即两项两线三芯电缆。这些设备都不需要采用五芯电缆,但仍然是TN-S接零保护系统,满足规范要求。施工现场中塔吊等设备设施既有三相动力负荷,也有单相照明、电铃等负荷,此类设备为三相四线制设备,需要三根相线(L、L、La)、一根工作零线(N线),外加一根保护零线(PE线),规范要求必须使用五芯电缆,不得采用四芯电缆外加一根线替代五芯电缆。

(4)当施工现场无专用电源、施工现场与外电线路共用同一供电系统时,电气设备的接地、接零保护应与原系统保护一致,不得一部分设备做保护接零,另一部分设备做保护接地。用TN-S接零保护系统做保护接零时,工作零线(N线)必须通过总漏电保护器,保护零线(PE线)必须由电源进线零线重复接地处或总漏电保护器电源侧零线处,引出形成局部TN-S接零保护系统。

(5)配电箱及开关箱:

施工现场临时用电配电系统一般情况下应遵循"三级配电、二级保护、一机一闸一保护"的原则。考虑到施工现场可能出现的特殊情况,《施工现场临时用电安全技术规范》(GB 50194—2014)规定,一般施工现场的低压配电系统宜采用三级配电,而非必须,可根据施工现场具体情况进行调整。向非重要负荷供电时,可适当增加配电级数,但不宜过多。小型施工现场采用二级配电也是允许的。

①对于非重要负荷供电,由于现场布置的原因,需要增加配电级数的情况。《施工现场临时用电安全技术规范》(GB 50194—2014)规定,总配电箱以下可设若干分配电箱,分配电箱以下可设若干末级配电箱。分配电箱以下可根据需要,再设分配电箱。

②开关箱应符合《水利水电工程通用安全技术规程》(SL 398—2007)、《施工现场临时用电安全技术规范》(GB 50194—2014)和《施工现场临时用电安全技术规范》(JGJ 46—2005)的相关要求,每台用电设备应有各自专用的开关箱,严禁用同一开关箱直接控制两台及两台以上用电设备(含插座)。

③配电箱箱体材质、尺寸、装设要求、内部电器配置等均应符合《水利水电工程通用安全技术规程》(SL 398—2007)的相关要求,施工单位也可参照《施工现场临时用电安全技术规范》(GB 50194—2014)、《施工现场临时用电安全技术规范》(JGJ 46—2005)中的有关规定配置。对于配电箱内的电器装置,施工单位可参照《施工现场临时用电安全技术规范》(JGJ 46—2005)的有关要求配置。

④为提高工作可靠性,在《施工现场临时用电安全技术规范》(JGJ 46—2005)规定,隔离开关应设置于电源进线端,应采用分断时具有可见分断点,并能同时断开电源所有极的隔离电器。若采用分断时具有可见分断点的断路器,可不另设隔离开关。

⑤施工现场的配电箱、开关箱等安装使用应符合《水利工程施工安全防护设施技术规范》(SL 714—2015)的强制性要求。施工现场的配电箱、开关箱等安装使用应符合下列规定:配电箱、开关箱应装设在干燥、通风及常温场所,并设置防雨、防尘和防砸设施。配电箱、开关箱不应装设在有瓦斯、烟气、蒸气、液体及其他有害介质环境中,不应装设在易受外来固体物撞击、强烈振动、液体浸溅及热源烘烤的场所。

(6)配电线路:

考虑到施工现场的实际情况,输电线路可以采取的敷设方式包括架空、地埋和其他方式,其他方式包括沿支架、墙面、地面、电缆沟敷设,在临时设施内部敷设等。输电线路敷设应符合《水利水电工程施工通用安全技术规程》(SL 398—2007)4.4和《施工现场临时用电安全技术规范》(GB 50194—2014)第7章的有关要求。对于穿越道路及易受机械损伤的场所,输电线路敷设应符合《水利工程施工安全防护设施技术规范》(SL 714—2015)的强制性要求。

施工用电线路架设使用应符合下列要求:①线路穿越道路或易受机械损伤的场所时必须设有套管防护。②管内不得有接头,其管口应密封。

4.4.24.5 施工区照明

(1)《水利水电工程施工通用安全技术规程》(SL 398—2007)规定,一般场所宜选用额定电压为220 V的照明器,对下列特殊场所应使用安全电压照明器:

①地下工程,有高温、导电灰尘,且灯具距离地面高度低于2.5 m等场所的照明电源电压不应大于36 V。

②在潮湿和易触及带电体场所的照明电源电压不应大于 24 V。

③在特别潮湿的场所、导电良好的地面、锅炉或金属容器内工作的照明电源电压不应大于 12 V。

(2)照明变压器应使用双绕组型,严禁使用自耦变压器。《水工建筑物地下开挖工程施工规范》(SL 378—2007)规定,洞内供电电压应符合下列规定:

①宜采用 380 V/220 V 三相四线制。

②动力设备应采用三相 380 V。

③隧洞开挖、支护工作面可使用电压为 220 V 的投光灯照明,但应经常检查灯具和电缆的绝缘性能。

(3)施工现场照明除满足上述规定外,还应符合《建设工程施工现场消防安全技术规范》(GB 50720—2011)中对有关照明灯具消防安全方面的要求。施工现场用电应符合下列规定:

①可燃材料库房不应使用高热灯具,易燃易爆危险品库房内应使用防爆灯具。

②普通灯具与易燃物的距离不宜小于 300 mm,聚光灯、碘钨灯等高热灯具与易燃物的距离不宜小于 500 mm。

4.4.24.6 自备电源

施工现场设置自备电源时,应按《水工建筑物地下开挖工程施工规范》(SL 398—2007)的要求对电压为 400 V/230 V 的自备发电机组电源应与外电线路电源连锁,严禁并列运行。

此外对于现场多套自备电源并列运行时,应符合《施工现场临时用电安全技术规范》(JGJ 46—2005)的要求。发电机组并列运行时,必须装设同期装置,并在机组同步运行后再向负载供电。

(1)施工现场的接地(接零)与防雷应符合《水利水电工程施工通用安全技术规程》(SL 398—2008)4.2 的有关规定。如变压器或发电机的工作接地电阻值不应大于 4 Ω,重复接地装置的接地电阻值不应大于 10 Ω 等。关于接地(接零)系统,《水工建筑物地下开挖工程施工规范》(SL 398—2007)规定,施工现场专用的中性点直接接地的电力线路中应采用 TN-S 接零保护系统。

(2)当施工现场与外电线路共用同一个供电系统时,电气设备应根据当地的要求作保护接零,或作保护接地。不得一部分设备作保护接零,另一部分设备作保护接地。同时,施工单位还可参照《施工现场临时用电安全技术规范》(JGJ 46—2005)中的相关规定执行。

建筑施工现场临时用电工程专用的电源中性点直接接地的 220 V/380 V 三相四线制低压电力系统,必须符合下列规定:①采用三级配电系统。②采用 TN-S 接零保护系统。③采用二级漏电保护系统。

在施工现场专用变压器的供电 TN-S 接零保护系统中,电气设备的金属外壳必须与保护零线连接。保护零线应由工作接地线、配电室（总配电箱）电源侧零线或总漏电保护器电源侧零线处引出。

（3）根据现行技术规范，施工单位要对防雷、接零及用电设施定期开展检查工作，检查周期一般最长为 1 个月。对于配电系统各分部、分项的检查，施工单位可按照《施工现场临时用电安全技术规范》（GB 50194—2014）的有关规定执行。

配电箱、开关箱和手持式电动工具的检查应符合《水工建筑物地下开挖工程施工规范》（SL 378—2007）的相关规定。

配电箱、开关箱的使用与维护应遵守下列规定：所有配电箱、开关箱应每月进行检查和维修一次；检查、维修时，作业人员应按规定穿、戴绝缘鞋、绝缘手套，使用电工绝缘工具；作业人员应将其前一级相应的电源开关分闸断电，并悬挂停电标志牌（"禁止合闸、有人工作"），严禁带电作业。

手持式电动工具应遵守下列规定：手持式电动工具的外壳、手柄、负荷线、插头、开关等应完好无损，使用前应进行空载检查，运转正常方可使用。

此外，关于临时用电工程的检查还可参照《施工现场临时用电安全技术规范》（JGJ 46—2005）的有关要求：①临时用电工程应定期（最长为 1 个月）检查。定期检查时，施工单位应复查接地电阻值和绝缘电阻值。②临时用电工程定期检查（最长为 1 个月）应按分部、分期工程进行，安全隐患必须及时处理，并应履行复查验收手续。

《施工现场临时用电安全技术规范》（GB 50194—2014）中，对供电设施的日常运行检查维护提出以下要求：

①变配电所运行人员单独值班时，不得从事检修工作。

②应建立供用电设施巡视制度及巡视记录台账。

③配电装置和变压器，每班应巡视检查 1 次。

④配电线路的巡视和检查，每周不应少于 1 次。

⑤配电设施的接地装置应每半年检测 1 次。

⑥剩余电流动作保护器应每月检测 1 次。

⑦保护导体（PE）的导通情况应每月检测 1 次。

⑧根据线路负荷情况进行调整，使线路三相保持平衡。

施工现场室外供用电设施除经常维护外，遇大雨、暴雨、冰雹、雪、霜、雾等恶劣天气时，应加强巡视和检查。巡视和检查时，应穿绝缘靴且不得靠近避雷器和避雷针。

新投入运行或大修后投入运行的电气设备，在 72 h 内应加强巡视，无异常情况后，方可按正常周期进行巡视。

4.4.24.7　文件及记录

文件及记录应包含以下内容：

（1）以正式文件发布的施工临时用电管理制度。

（2）施工用电专项方案及安全技术措施、审批文件。

（3）临时用电系统验收记录。

（4）接地、接零、防雷定期检测记录。

（5）施工用电设备定期检查记录。

（6）临时用电工程日常运行、检查记录。

4.4.25　施工脚手架管理

4.4.25.1　基本要求

施工单位应按照有关法律法规、技术标准做好脚手架管理：①建立脚手架安全管理制度。②脚手架搭拆前，应编制施工作业指导书或专项施工方案，超过一定规模的危险性较大脚手架工程应经专门设计、方案论证，并严格执行审批程序。③脚手架的基础、材料应符合规范要求。④脚手架搭设（拆除）应按审批的方案进行交底、签字确认后方可实施。⑤按审批的方案和规程规范搭设（拆除）脚手架，过程中安排专人现场监护。⑥脚手架经验收合格后挂牌使用。⑦在用的脚手架应定期检查和维护，并不得附加设计以外的荷载和用途。⑧在暴雨、台风、暴风雪等极端天气前后组织有关人员对脚手架进行检查或重新验收。

4.4.25.2　工作依据

工作依据有《建筑施工脚手架安全技术统一标准》（GB 51210—2016）、《水利水电工程施工通用安全技术规程》（SL 398—2007）、《水利水电工程施工安全防护设施技术规范》（SL 714—2015）、《水利水电工程施工安全管理导则》（SL 721—2015）等。

4.4.25.3　工作要点

（1）施工单位应编制脚手架管理制度，并以正式文件发布。

（2）在水利工程的脚手架工程施工过程中，水利行业标准《水利水电工程施工通用安全技术规程》（SL 398—2007）和《水利水电工程施工安全防护设施技术规范》（SL 714—2015）中对于脚手架施工要求只做了原则性的规定，实施细节规定不详。建议在施工过程中参照《建筑施工脚手架安全技术统一标准》（GB 51210—2016）和《建筑施工扣件式钢管脚手架安全技术规范》（JGJ 130—2011）的有关要求。虽然这两个规范中注明的适用范围为房屋建筑与市政工程，但是从专业角度和内容的完整性方面看更能有效指导、规范现场脚手架工程的施工。

4.4.25.4　施工方案

《水利水电工程施工安全管理导则》（SL 721—2015）规定，根据脚手架规模不同，单项工程可划分为达到一定规模的单项工程和超过一定规模危险性较大的单项工程。两类单项工程都应编制专项施工方案，专项施工方案应符合标准规范，特别是强制性条文的有关规定。施工单位依据《水利水电工程施工安全管理导则》（SL 721—2015）7.3 的要求组织审核、专家论证,并报监理单位、项目法人单位审批备案。

4.4.25.5　构配件材质要求

搭设脚手架所用的钢管、扣件、脚手板、型钢等构配件材质应符合《建筑施工脚手架安全技术统一标准》(GB 51210—2016)、《水利水电工程施工安全防护设施技术规范》(SL 714—2015)、《建筑施工扣件式钢管脚手架安全技术规程》(JGJ 130—2011)等规范中有关脚手架材料、构配件的要求。

(1)钢管规格尺寸应符合《水利水电工程施工安全防护设施技术规范》(SL 714—2015)或《建筑施工扣件式钢管脚手架安全技术规程》(JGJ 130—2011)规定:①脚手架钢管宜采用中 $\varnothing 48.3$ mm×3.6 mm 钢管。每根钢管的最大质量不应大于 25.8 kg。②扣件在螺栓拧紧扭力矩达到 65 N·m 时,不得发生破坏。③可调托撑螺杆外径不得小于36 mm。

(2)脚手架所有材料、构配件使用前,施工单位应向监理单位提交进场报验单,并附相应证明材料;按《建筑施工脚手架安全技术统一标准》(GB 51210—2016)的有关规定进行报验,并提供材料合格证、型式检验报告,按规定抽检复验合格的报告单等内容。

搭设脚手架的材料、构配件和设备应按进入施工现场的批次分品种、规格进行检验,检验合格后方可搭设施工,并应符合下列要求:①新产品应有产品质量合格证,工厂化生产的主要承力杆件、涉及结构安全的构件应具有型式检验报告。②材料、构配件和设备质量应符合本标准及国家现行相关标准的规定。③按规定应进行施工现场抽样复验的构配件,应经抽样复验合格。④周转使用的材料、构配件和设备,应经维修检验合格。

在对脚手架材料、构配件和设备进行现场检验时,应采用随机抽样的方法抽取样品进行外观检验、实量实测检验、功能测试检验。抽样比例应符合下列规定:①按材料、构配件和设备的品种、规格应抽检 1%～3%。②安全锁扣、防坠装置、支座等重要构配件应全数检验。③经过维修的材料、构配件抽检比例不应少于3%。

4.4.25.6　搭设、验收、检查与维护

(1)脚手架搭设和拆除前,应按《水利水电工程施工安全管理导则》(SL 721—2015)7.6 的要求对已经批复的专项方案进行安全技术交底,并留存交底记录。施工人员应持"登高架设"特种作业证书作业。

(2)脚手架搭设和拆除过程中,施工单位应严格按批复的专项方案执行。

(3)脚手架搭设完成后,施工单位应组织进行验收,验收合格后挂牌使用,验收工作应符合《建筑施工脚手架安全技术统一标准》(GB 51210—2016)的规定:在落地作业脚手架、悬挑脚手架、支撑脚手架达到设计高度后,附着式升降脚手架安装就位后,应对脚手架搭设施工质量进行完工验收。脚手架搭设施工质量合格判定应符合下列要求:①所用材料、构配件和设备质量应经现场检验合格。②搭设场地、支承结构件固定应满足稳定承载的要求。③阶段施工质量检查合格,符合本标准及脚手架相关的国家现行标准、专

项施工方案的要求。④观感质量检查应符合要求。⑤专项施工方案、产品合格证及型式检验报告、检查记录、测试记录等技术资料应完整。

(4)脚手架使用过程中,不得附加设计以外的荷载和用途。

控制脚手架作业层的荷载是脚手架使用过程中安全管理的重要内容。规定脚手架作业层上严禁超载,是为了在脚手架使用中,控制作业层上永久荷载和可变荷载的总和不超过荷载设计值总和,保证脚手架使用安全。在设计脚手架专项施工方案时,施工单位应按脚手架的用途、搭设部位、荷载、搭设材料、构配件及设备等搭设条件选择脚手架的结构和构造,并通过设计计算确定立杆间距、架体步距等技术参数,从而确定脚手架可承受的荷载总值。在使用过程中,脚手架的永久荷载和可变荷载值总值不应超过荷载设计值,否则架体有倒塌危险。

作业脚手架上固定支撑脚手架、拉缆风绳、固定架设混凝输送泵管道等设施或设备,会使架体超载、受力不清晰、产生振动,从而危及作业脚手架的使用安全。因此,严禁在脚手架上附加设计以外的荷载是为了消除危及作业脚手架使用安全的隐患发生。作业脚手架是按正常使用的条件设计和搭设的,在作业设计脚手架的专项方案时不能考虑在作业脚手架上固定支撑脚手架、拉缆风绳、混凝土输送泵管、卸料平台等施工设施、设备,因为一旦将支撑脚手架、缆风绳、混凝土输送泵管、卸料平台等施工设施固定在作业脚手架上,作业脚手架的相应部位承受多少荷载很难确定,会造成作业脚手架的受力不清晰、超载,且混凝土输送泵管、卸料平台等设备、设施对作业脚手架还有振动冲击作用。因此,应禁止上述危及作业脚手架安全的行为发生。

(5)定期开展检查:

在脚手架使用过程中,施工单位应依据技术标准和规范,定期开展检查工作,特别是在暴雨、台风、暴风雪等极端天气前后,并且施工单位还应提供检查记录。《建筑施工脚手架安全技术统一标准》(GB 51210—2016)规定,脚手架在使用过程中,应定期进行检查,检查项目应符合下列规定:①主要受力杆件、剪刀撑等加固杆件、连墙件应无缺失、无松动,架体应无明显变形。②场地应无积水,立杆底端应无松动、无悬空。③安全防护设施应齐全、有效,应无损坏缺失。④附着式升降脚手架支座应牢固,防倾、防坠装置应处于良好工作状态,架体升降应正常平稳。⑤悬挑脚手架的悬挑支承结构应固定牢固。

当脚手架遇有下列情况之一时,应进行检查,确认安全后方可继续使用:①遇有 6 级及以上强风或大雨过后。②冻结的地基土解冻后。③停用超过 1 个月。④架体部分拆除。⑤其他特殊情况。具体的检查技术标准及要求可参照《建筑施工扣件式钢管脚手架安全技术规程》(JGJ 130—2011)8.2。检查的项目及周期应依据上述标准、规范要求在"脚手架使用管理制度"中进行明确。

4.4.25.7 文件及记录

文件及记录应包含以下内容:

(1)脚手架使用管理制度。

(2)脚手架专项施工方案(含设计文件)或作业指导书。

(3)脚手架搭设(拆除)设计、方案审批记录,超过一定规模的专家论证资料。

(4)脚手架搭设(拆除)方案交底记录。

(5)登高架设特种人员作业证书。

(6)材料、构配件进场检查验收记录。

(7)搭设过程中检查记录。

(8)脚手架验收记录(挂牌)。

(9)现场监督检查及验收记录(含极端天气前后)。

4.4.26　防洪度汛管理

4.4.26.1　基本要求

施工单位应按照有关法律法规、技术标准做好防洪度汛管理:①有防洪度汛要求的工程应编制防洪度汛方案和超标准洪水应急预案。②成立防洪度汛的组织机构和防洪度汛抢险队伍,配置足够的防洪度汛物资,并组织演练。③施工进度应满足安全度汛要求。④施工围堰、导流明渠、涵管及隧洞等导流建筑物应满足安全要求。⑤开展防洪度汛专项检查。⑥建立畅通的水文气象信息渠道。⑦做好汛期值班。

4.4.26.2　工作依据

工作依据有《中华人民共和国防洪法》(主席令第四十八号)、《中华人民共和国防汛条例》(国务院令第 86 号)、《水利工程建设安全生产管理规定》(水利部令第 26 号)、《水利水电工程通用安全技术规程》(SL 398—2007)、《水利水电工程施工安全管理导则》(SL 721—2015)等。

4.4.26.3　工作要点

(1)防洪度汛及抢险措施:根据《水利工程建设安全生产管理规定》要求,水利工程建设项目的防洪度汛工作应在项目法人的统一指挥、部署下进行,由项目法人单位根据工程实际情况编制工程防洪度汛方案和超标准应急预案。施工单位应根据批准的度汛方案和超标准洪水应急预案,制定防汛度汛及抢险措施,报项目法人(监理单位)批准,并按批准的措施落实防汛抢险队伍和防汛器材、设备等物资准备工作,做好汛期值班,保证汛情、工情、险情信息渠道畅通。涉及防汛调度或者影响其他工程设施度汛安全的,由项目法人报有管辖权的防汛指挥机构批准。

根据《水利水电工程标准施工招标文件技术标准和要求(合同技术条款)》(2009 版)要求,施工单位所编制的防汛度汛及抢险措施应包括以下内容:①截至度汛前工程应达到的度汛形象面貌。②临时和永久工程建筑物的汛期防护措施。③防汛器材设备和劳动力配备。④施工区和生活区的度汛防护措施。⑤临时通航的安全度汛措施。⑥遭遇超标准洪水时的应急度汛措施。⑦监理人要求提交的其他施工度汛资料。

（2）防汛演练：施工单位应参加项目法人统一组织的防汛应急演练，必要时也应至少自行组织一次防汛应急演练。

（3）工程形象进度：汛期来临前，施工单位应完成度汛方案中要求的工程度汛形象面貌，施工围堰、导流明渠、涵管及隧洞等导流建筑物应满足度汛要求，以确保工程安全度汛。

（4）防汛专项检查及防汛值班：施工单位应参加或接受项目法人统一组织的防汛（汛前、汛中和汛后）检查工作，并单独组织防汛专项检查工作，针对检查出的问题及时进行整改。

施工单位应通过广播、电视、网络、电话等方式建立通畅的水文气象信息渠道，保证能及时接收并传达防汛相关信息。以项目部成员为主建立防汛值班制度，相关人员认真履行值班职责，并对值班期间的水文、气象、施工现场情况等信息进行详细记录。

4.4.26.4 文件及记录

文件及记录应包含以下内容：

（1）防汛度汛及抢险措施及项目法人（监理）批复、备案记录。

（2）成立防洪度汛的组织机构和防洪度汛抢险队伍的文件。

（3）防洪度汛值班制度。

（4）防洪应急预案演练记录。

（5）防洪度汛专项检查记录。

（6）防洪度汛值班记录。

（7）防汛（应急）物资台账，物资检查、维护、保养等记录，以及必要时与地方救援队伍签订的互助协议。

4.4.27 交通安全管理

4.4.27.1 基本要求

施工单位应按照有关法律法规、技术标准做好交通安全管理：①建立交通安全管理制度。②施工现场道路（桥梁）符合规范要求，交通安全防护设施齐全可靠，警示标志齐全完好。③定期对车船进行检测和检验，保证安全技术状态良好。④车船不得违规载人。⑤车辆在施工区内应限速行驶。⑥定期组织驾驶人员培训，严格驾驶行为管理，严禁无证驾驶、酒后驾驶、疲劳驾驶、超载驾驶。⑦大型设备运输或搬运应制定专项方案。

4.4.27.2 工作依据

工作依据有《水利水电工程施工通用安全技术规程》（SL 398—2007）、《水利水电工程施工安全防护设施技术规范》（SL 714—2015）等。

4.4.27.3 工作要点

（1）交通安全管理制度：施工单位应根据施工现场的实际情况，编制场内交通安全管

理制度,制度中应明确施工现场道路、交通安全防护设施、机动车辆检测和检验、驾驶行
为管理、大型设备运输或搬运制定专项施工方案和安全措施等方面的内容,并以正式文
件下发执行。

(2)交通警示标志:施工现场道路、交通安全防护设施、警示标志等应符合《水利水电
工程施工通用安全技术规程》(SL 398—2007)3.3 和《水利水电工程施工安全防护设施技
术规范》(SL 714—2015)4.1 的相关要求,其中警示标志还应符合《安全警示标志及其使
用导则》(GB 2894—2008)的相关要求。

(3)大件运输:对于规格尺寸或重量达到一定规模的大型设备运输或搬运,施工单位
应编制专项安全措施,向交通管理部门办理申请手续,并根据需要对运输超大件或超重
件所需的道路和桥梁临时加固。

(4)检测检验:现场机动车辆的检测和检验工作可结合设备设施管理工作一并开展。

(5)教育培训:施工现场应加强对驾驶人员的安全教育培训和管理工作,杜绝违章驾
驶的情况发生。土石方工程作业安全可参照《建筑施工土石方工程安全技术规范》(JGJ
180—2009)的相关要求。

4.4.27.4　文件及记录

文件及记录应包含以下内容:

(1)以正式文件发布的交通安全管理制度。

(2)大型设备运输或搬运的专项安全措施。

(3)机动车辆定期检测和检验记录。

(4)驾驶人员教育培训记录。

(5)现场监督检查记录(含警示标志和交通安全设施)。

4.4.28　消防安全管理

4.4.28.1　基本要求

施工单位应按照有关法律法规、技术标准做好消防安全管理:①建立消防管理制度,
建立健全消防安全组织机构,落实消防安全责任制,建立重点防火部位或场所档案。
②临建设施之间的安全距离、消防通道等均符合消防安全规定。③仓库、宿舍、加工场地
及重要设备配有足够的消防设施、器材,并建立台账。④消防设施、器材应有防雨、防冻
措施,并定期检验、维修,确保完好有效。⑤严格执行动火审批制度。⑥组织开展消防培
训和演练。

4.4.28.2　工作依据

工作依据有《中华人民共和国消防法》(主席令第六号)、《建筑灭火器设置设计规范》
(GB 50140—2010)、《建筑灭火器配置验收及检查规范》(GB 50444—2008)、《建设工程施
工现场消防安全技术规范》(GB 50720—2011)、《水利水电工程施工通用安全技术规程》

(SL 398—2007)、《水利水电工程施工安全管理导则》(SL 721—2015)、《灭火器维修》(GA 95—2015)等。

4.4.28.3　工作要点

消防管理制度：施工单位应编制消防管理制度，并以正式文件下发执行。根据《建设工程施工现场消防安全技术规范》(GB 50720—2011)的规定，消防安全管理制度一般应包括以下内容：

(1)消防安全教育与培训制度。

(2)可燃及易燃易爆危险品管理制度。

(3)用火、用电、用气管理制度。

(4)消防安全检查制度。

(5)应急预案演练制度。

4.4.28.4　消防组织机构

施工单位应成立由项目经理为主要负责人的消防安全组织机构，制定相应消防安全责任制并监督落实。

4.4.28.5　防火重点部位与场所

施工单位应根据现场设施、场所的重要性和危险程度，首先确定重点防火部位，包括生活区、办公区、可燃材料库房、可燃材料堆场及其加工厂、易燃易爆物品库房、固定动火作业场所、发电机房、变配电房等场所，并设置明显的防火警示标识。其次建立重点防火部位的档案，档案资料应包括建筑平面布置图、疏散通道布置、物品存储明细（品种、数量等）、消防责任人、消防管理制度、应急救援（现场处置）措施、消防器材配备、消防安全检查记录等内容。

4.4.28.6　消防安全距离及消防通道

现场施工布置时，临时设施的消防安全距离及消防通道应符合规范要求，具体可参照《建设工程施工现场消防安全技术规范》(GB 50720—2011)的相关规定。

易燃易爆危险品库房与在建工程的防火间距不应小于 15 m，可燃材料堆场及其加工场、固定动火作业场与在建工程的防火间距不应小于 10 m，其他临时用房、临时设施与在建工程的防火间距不应小于 6 m。

施工现场主要临时用房、临时设施的防火间距不应小于《建设工程施工现场消防安全技术规范》(GB 50720—2011)的规定。当办公用房、宿舍成组布置时，其防火间距可适当减小，但应符合下列规定：①每组临时用房的栋数不应超过 10 栋，组与组之间的防火间距不应小于 8 m。②组内临时用房之间的防火间距不应小于 3.5 m，当建筑构件燃烧性能等级为 A 级时，其防火间距可减少到 3 m。

施工现场内应设置临时消防车道，临时消防车道与在建工程、临时用房，可燃材料堆场及其加工场的距离不宜小于 5 m，且不宜大于 40 m。施工现场周边道路满足消防车通行及灭火救援要求时,施工现场内可不设置临时消防车道。

临时消防车道的设置应符合下列规定:①临时消防车道宜为环形,设置环形车道确有困难时,应在消防车道末端设置尺寸不小于 12 m×12 m 的回车场。②临时消防车道的净宽度和净空高度均不应小于 4 m。③临时消防车道的右侧应设置消防车行进路线指示标识。④临时消防车道路基、路面及其下部设施应能承受消防车通行压力及工作荷载。

在建工程作业场所临时疏散通道的设置应符合下列规定:①耐火极限不应低于0.5 h。②设置在地面上的临时疏散通道,其净宽度不应小于 0.5 m;利用在建工程施工完毕的水平结构、楼梯作临时疏散通道时,其净宽度不宜小于 1.0 m;用于疏散的爬梯及设置在脚手架上的临时疏散通道,其净宽度不应小于 0.6 m。③临时疏散通道为坡道,且坡度大于 25°时,应修建楼梯或台阶踏步或设置防滑条。④临时疏散通道不宜采用爬梯,确需采用时,应采取可靠固定措施。⑤临时疏散通道的侧面为临空面时,应沿临空面设置高度不小于 1.2 m 的防护栏杆。⑥临时疏散通道设置在脚手架上时,脚手架应采用不燃材料搭设。⑦临时疏散通道应设置明显的疏散指示标识。⑧临时疏散通道应设置照明设施。

4.4.28.7 消防设施配备

施工现场应根据可能发生的火灾类型及消防需要,配置灭火器、临时消防给水系统、砂土和应急照明等临时消防设施,并采取有效的防护措施。消防设施的配备要求可参照《建设工程施工现场消防安全技术规范》(GB 50720—2011)和《建筑灭火器设置设计规范》(GB 50140—2010)的有关规定。对于临时消防设施,施工单位应做好日常检修、维护工作,对已失效、损坏或丢失的消防设施应及时更换、修复或补充。对于灭火器的验收与检查,施工单位可参照《建筑灭火器配置验收及检查规范》(GB 50444—2008)的有关规定执行,维修与报废应执行《灭火器维修与报废规程》(GA 95—2015)的有关规定。

灭火器应满足《建设工程施工现场消防安全技术规范》(GB 50720—2011)的相关要求:

(1)灭火器的类型应与配备场所可能发生的火灾类型相匹配。施工现场的某些场所既可能发生固体火灾,也可能发生液体、气体或电气火灾,灭火器配置场所的火灾种类可划分为五类。A 类火灾场所:固体物质火灾场所,应选择水型灭火器、磷酸铵盐干粉灭火器、泡沫灭火器或卤代烷灭火器。B 类火灾场所:液体火灾或可熔化固体物质火灾场所,应选择泡沫灭火器、碳酸氢钠干粉灭火器、磷酸铵盐干粉灭火器、二氧化碳灭火器、灭 B类火灾的水型灭火器或卤代烷灭火器。极性溶剂的 B 类火灾场所应选择灭 B 类火灾的抗溶性灭火器。C 类火灾场所:气体火灾场所,应选择磷酸铵盐干粉灭火器、碳酸氢钠干粉灭火器、二氧化碳灭火器或卤代烷灭火器。D 类火灾场所:金属火灾场所,应选择扑灭金属火灾的专用灭火器。E 类火灾场所:带电火灾场所,应选择磷酸铵盐干粉灭火器、碳酸氢钠干粉灭火器、卤代烷灭火器或二氧化碳灭火器,但不得选用装有金属喇叭喷筒的二氧化碳灭火器。在选配灭火器时,应选用能同时扑灭多类火灾的灭火器(如 ABC 型)。

(2)灭火器的配置数量应按现行国家标准《建筑灭火器配置设计规范》(GB 50140—2005)的有关规定经计算确定,且每个场所的灭火器数量不应少于 2 个。

4.4.28.8 消防检查工作

施工单位应定期开展消防检查工作,检查周期应结合现场实际在消防管理制度中进行明确。根据《建设工程施工现场消防安全技术规范》(GB 50720—2011)的规定,消防检查应包括以下主要内容:①可燃物及易燃易爆危险品的管理是否落实。②动火作业的防火措施是否落实。③用火、用电、用气是否存在违章操作,电、气焊及保温防水施工是否执行操作规程。④临时消防设施是否完好有效。⑤临时消防车道及临时疏散设施是否畅通。

4.4.28.9 动火作业审批

动火作业是指在施工现场进行明火、爆破、焊接、气割或采用酒精炉、煤油炉、喷灯、砂轮、电钻等工具进行可能产生火焰、火花和赤热表面的临时性作业。

施工现场动火作业前,应由动火作业人提出动火作业申请。动火作业申请至少应包含动火作业的人员、内容、部位或场所、时间、作业环境及灭火救援措施等内容。施工现场用(动)火管理缺失和动火作业不慎引燃可燃、易燃建筑材料是导致火灾事故发生的主要原因。因此,施工现场动火审批、常见的动火作业、生活用火及用火各环节的防火管理应符合《建设工程施工现场消防安全技术规范》(GB 50720—2011)6.3.1 的规定。

4.4.28.10 消防教育培训与演练

消防安全教育与培训应侧重于普遍提高施工人员的消防安全意识和扑灭初起火灾、自我防护的能力。消防安全教育、培训的对象为全体施工人员。教育培训和交底要求可参照《建设工程施工现场消防安全技术规范》(GB 50720—2011)6.1.7、6.1.8 的有关规定。

施工人员进场时,施工现场的消防安全管理人员应向施工人员进行消防安全教育和培训。消防安全教育和培训应包括下列内容:①施工现场消防安全管理制度、防火技术方案、灭火及应急疏散预案的主要内容。②施工现场临时消防设施的性能及使用、维护方法。③扑灭初起火灾及自救逃生的知识和技能。④报警、接警的程序和方法。

施工作业前,施工现场的施工管理人员应向作业人员进行消防安全技术交底。消防安全技术交底应包括下列主要内容:①施工过程中可能发生火灾的部位或环节。②施工过程应采取的防火措施及应配备的临时消防设施。③初起火灾的扑救方法及注意事项。④逃生方法及路线。

《建设工程施工现场消防安全技术规范》(GB 50720—2011)规定,施工单位应依据灭火及应急疏散预案,定期开展灭火及应急疏散的演练。

4.4.28.11　文件及记录

文件及记录应包含以下内容：

(1)以正式文件发布的消防管理制度。

(2)消防安全组织机构成立文件。

(3)消防安全责任制。

(4)防火重点部位或场所档案。

(5)消防设施设备台账。

(6)消防设施设备定期检查、试验、维修记录。

(7)动火作业审批记录。

(8)消防应急预案。

(9)消防演练评审记录。

(10)消防培训记录。

(11)消防演练记录。

4.4.29　易燃易爆危险品管理

4.4.29.1　基本要求

施工单位应按照有关法律法规、技术标准做好易燃易爆危险品管理：①建立易燃易爆危险品管理制度；易燃易爆危险品运输应按规定办理相关手续并符合安全规定。②现场存放炸药、雷管等，得到当地公安部门的许可，并分别存放在专用仓库内，指派专人保管，严格领退制度。③氧气、乙炔、液氨、油品等危险品仓库屋面采用轻型结构，并设置气窗及底窗，门、窗向外开启。④有避雷及防静电接地设施，并选用防爆电器。⑤氧气瓶、乙炔瓶存放、使用应符合规定。⑥带有放射源的仪器的使用管理，应满足相关规定。

4.4.29.2　工作依据

工作依据有《民用爆炸物品安全管理条例》(国务院令第 653 号)、《危险化学品安全管理条例》(国务院令第 645 号)、《水利行业涉及危险化学品安全风险的品种目录》(办安监函〔2016〕849 号)、《水利水电施工通用安全技术规程》(SL 398—2007)、《水利水电工程施工安全管理导则》(SL 721—2015)等。

4.4.29.3　工作要点

(1)危害品管理制度：施工现场有易燃易爆或有毒危险品的，施工单位应根据《水利水电施工通用安全技术规程》(SL 398—2007)的有关规定，编制采购、运输、储存、使用、回收、销毁相应的防火消防措施和管理制度。

(2)危险品辨识：依据国家有关要求，施工单位应辨识施工现场存在的易燃易爆或有毒危险化学品根据《危险化学品安全管理条例》和《危险化学品目录(2015 版)》的规定，凡列入《危险化学品目录(2015 版)》中的化学品均应按条例有关规定进行管理。

为深刻吸取天津港"8·12"瑞海公司危险品仓库特别重大火灾爆炸等事故的教训,落实有关事故防范措施,有效防范和遏制危险化学品重特大事故,国务院安委会组织研究编制了《涉及危险化学品安全风险的行业品种目录》,用于指导各地区和各有关行业全面摸排涉及危险化学品的安全风险。

4.4.29.4　爆破作业危险品管理

施工单位自行从事爆破作业的,在使用、存放、运输雷管、炸药时,应严格遵守《民用爆炸物品安全管理条例》的有关规定。相关技术要求应满足《水利水电施工通用安全技术规程》(SL 398—2007)的规定。若施工单位无《爆破作业单位许可证》,需要委托爆破公司进行爆破作业的,应与爆破公司签订分包合同,在合同中写明双方安全责任。施工单位应对爆破公司的资质、人员资格、爆炸物品采购、运输、使用管理等资料进行收集、验证。

4.4.29.5　其他危险品管理

除雷管、炸药之外,施工现场其他危险化学品的管理应符合《危险化学品安全管理条例》的规定,具体技术要求应符合《水利水电施工通用安全技术规程》(SL 398—2007)的规定。施工现场氧气、乙炔瓶的使用与管理应符合《水利水电施工通用安全技术规程》(SL 398—2007)的规定。

4.4.29.6　带有放射源的仪器的使用管理

使用放射源食品的单位应取得《辐射安全许可证》,操作人员应通过辐射安全和防护专业知识及相关法律法规的培训和考核。施工单位应重点检查仪器的使用、保养维护和保管是否满足规定要求,检查操作人员的个人辐射剂量记录档案,检查保管仪器放射源核泄漏情况检测记录档案等。

4.5　风险管控及隐患排查

4.5.1　安全风险管理

各参建单位应建立安全风险辨识管理制度,组织全员对本单位的危险源及安全风险进行全面、系统的辨识,并持续更新完善。

各参建单位应建立安全风险评估管理制度,明确安全风险评估的目的、范围、频次、准则和工作程序等。

各参建单位应根据风险评估结果及生产经营状况等,对安全风险进行差异化动态管理,制定并实施相应的工程技术、管理控制或个体防护等措施,对安全风险进行防控。

4.5.2 隐患排查治理

各参建单位应建立隐患排查治理制度,明确隐患排查的职责、范围、频次、方法和要求,根据隐患排查的结果,制定隐患治理方案,对隐患及时进行治理。

隐患治理完成后,各参建单位应按规定对治理情况进行评估、验收。

各参建单位应如实记录隐患排查治理情况,至少每月进行一次统计分析,并按照水行政主管部门和当地应急管理部门的要求,定期或实时报送隐患排查治理情况。

4.5.3 预测预警

各参建单位应根据生产经营状况、安全风险管理及隐患排查治理、事故等情况,建立安全生产预测预警体系。

4.6 应急管理

4.6.1 应急准备

各参建单位应按照有关规定建立应急管理组织机构或指定专人负责应急管理工作,建立与本单位安全生产特点相适应的专(兼)职应急救援队伍。

各参建单位建立生产安全事故应急预案体系,制定符合《生产经营单位生产安全事故应急预案编制导则》(GB/T 29639—2020)、《水库大坝安全管理应急预案编制导则》(SL/Z 720—2015)等规定的生产安全事故应急预案,针对安全风险较大的重点场所(设施)制定现场处置方案,并编制重点岗位、人员应急处置卡。

各参建单位应按照规定设置应急设施,配备应急装备,储备应急物资,建立管理台账,安排专人管理,并定期检查、维护、保养,确保其完好、可靠。

各参建单位应按照《生产安全事故应急演练基本规范》(AQ/T 9007—2019)的规定定期组织单位、部门、班组开展生产安全事故应急演练,做到一线从业人员参与应急演练全覆盖,并按照《生产安全事故应急演练评估指南》(AQ/T 9009—2015)的规定对演练进行总结和评估,根据评估结论和演练发现的问题,修订、完善应急预案,改进应急准备工作。

4.6.2 应急处置

发生事故后,各参建单位应根据预案要求,立即启动应急响应程序,按照有关规定报告事故情况,并开展先期处置。

4.6.3 应急评估

水利生产经营单位应对各参建单位的应急准备、应急处置工作进行评估。

4.7 事故管理

4.7.1 事故报告

各参建单位应建立事故报告程序,明确事故内外部报告的责任人、时限、内容等,教育、指导从业人员按有关规定程序报告生产安全事故,并妥善保护事故现场以及相关证据。

事故报告后出现新情况的,各参建单位应及时补报。

4.7.2 事故调查

各参建单位应建立内部事故调查和处理制度,按照有关规定、技术标准和国际通行做法,将造成人员伤亡(轻伤、重伤、死亡等人身伤害和急性中毒)和财产损失的事故纳入事故调查和处理范。

各参建单位应根据事故等级,积极配合有关政府部门开展事故调查。

4.7.3 事故管理

各参建单位应建立事故档案和管理台账,将承包商、供应商等相关方在本单位内部发生的事故纳入本单位事故管理。

各参建单位应按照《企业职工伤亡事故分类标准》(GB 6441—86)、《事故伤害损失工作日标准》(GB/T 15499—1995)的有关规定和国家、行业确定的事故统计指标开展事故统计分析。

4.8 持续改进

4.8.1 绩效评定

各参建单位应对本单位安全生产标准化的运行情况每年至少进行一次自评,验证各项安全生产制度措施的适宜性、充分性和有效性,检查安全生产和职业健康管理目标、指标的完成情况。

4.8.2 持续改进

各参建单位应根据安全生产标准化管理体系的自评结果和安全生产预测预警系统所反映的趋势,以及绩效评定情况,客观分析安全生产标准化管理体系的运行质量,及时调整完善相关制度文件和过程管控,持续改进,不断提高安全生产绩效。

第 5 章　质量管理标准化

5.1　项目法人

项目法人要严格按照国家法律法规执行项目质量管理有关文件,组建相应的建设质量管理机构,建立相应的质量管理责任制度。

5.1.1　准备阶段

项目法人应建立健全质量管理机构、质量保证体系,制定详细的质量管理制度,明确质量方针、质量目标、质量保证措施,通过资质审查招标优选勘测设计、施工、监理单位并实行合同管理,在合同文件中明确质量标准及合同双方的质量责任。

工程开工前,项目法人应按相关规定向水利工程质量监督机构办理工程质量监督手续,在工程施工过程中,主动接受质量监督机构对工程质量的监督检查。参建单位进场后,项目法人及时组织设计、监理和施工单位进行设计交底。

建设单位与参建各方签订质量目标责任书,施工单位与施工项目部、施工项目部与施工班组签订质量目标责任书。

5.1.2　施工阶段

项目法人定期组织质量管理人员学习与本工程相关施工规范、质量管理制度等,做好工程质量缺陷、质量事故统计记录等。

项目法人应按照基本建设程序的要求,赋予监理单位相应的权利,使监理单位履行监理合同所规定的各项职责,对工程项目实施全过程、全方位的监理,控制工程质量。项目法人应制定一套监理工作考核办法,制定详细的监理工作评价办法,充分调动监理单位在质量控制中的积极性。项目法人应参与监理单位组织的质量检测、重要隐蔽工程、分部工程的质量评定验收,发现问题,责令监理单位督促施工单位限期整改。

项目法人应严格按照施工合同质量条款要求施工单位组织施工。人员、设备的配备以及施工工艺会直接影响工程施工质量,均需达到合同要求。

建设单位(代建单位)应严格执行国家有关法律法规、标准,支持、鼓励、督促施工单位和监理单位进行施工现场质量标准化管理。

建设单位应及时主持召开图纸会审会议,组织代建单位、监理单位、施工单位等相关人员进行图纸会审,并整理成会审问题清单,由建设单位在设计交底前约定的时间提交设计单位。图纸会审由施工单位整理会议纪要,与会各方会签。图纸会审可分阶段进行。

设计交底应由建设单位组织并主持,设计单位向各施工单位、监理单位进行交底,主要交底内容有建筑物的功能与特点、设计意图与施工过程控制要求等。

项目法人应在主体工程开工初期,组织监理、设计、施工等单位,根据工程特点(工程等级及使用情况)和相关技术标准,依据《水利水电工程施工质量检验与评定规程》(SL 176—2007)附录表 A.2.1 提出各项目的质量标准,报工程质量监督机构确认。

5.1.3 竣工验收阶段

竣工验收前,项目法人组织参建各方对工程质量进行全面的检查验收,发现问题尽早处理,消除质量缺陷。项目法人应严格按照竣工验收程序进行工程验收,客观公正地评价工程质量等级。

5.1.4 缺陷责任期

对于缺陷责任期暴露出的工程内在的、隐蔽的质量问题,项目法人应在发现问题时查找原因,分清责任主体限期处理,对各种修补、修复工作进行监督、检查和验收,保证修复质量。

5.2 监理单位

5.2.1 岗位质量责任制度

总监理工程师主持起草监理部所有监理人员、所有岗位的质量责任制度,明确各岗位质量工作的具体内容和奖励措施,总监理工程师与监理人员签署岗位质量责任书。总监理工程师对监理人员的岗位质量责任制落实情况进行检查、考核,并采取相应的奖惩措施。

5.2.2 旁站监理制度

单位应按照监理合同约定,在施工现场对工程项目重要部位和关键工序的施工,实施连续性的全过程检查、监督与管理。施工单位应在关键部位及关键工序施工前 24 h 通知监理单位,监理单位旁站监理人员届时到达现场进行旁站监理。

旁站监理人员检查施工单位现场质检人员到岗、特殊工种人员、机械操作等人员持证上岗情况,现场核查进场材料、构配件、设备和商品混凝土的出厂质量证明、质量检验报告等材料,现场监督施工单位进行现场检查和必要的现场抽样复验等工作。

监理单位应作好并保存好旁站监理记录等原始资料,未经旁站监理人员和施工质检人员验收合格,不得进行下一道工序施工。

旁站监理过程中,若监理单位发现有违反工程建设强制性标准行为的,有权责令施工单位立即整改,发现施工活动可能危及工程质量时,应及时向总监理工程师报告,由总监理工程师采取必要的措施。

5.2.3　质量控制的主要内容

监理单位质量控制的主要内容包括:①签发施工图纸。②审批施工单位的施工组织设计和技术措施。③指导监督合同中有关质量标准、要求的实施。④审查施工单位的质量保证体系、措施及质量检验制度。⑤依据工程施工合同文件、设计文件、技术标准,对施工全过程质量进行检查,对重要部位、关键工序进行旁站监理。⑥对施工单位进场的工程设备、材料、构配件、中间产品进行跟踪检查和平行检测。⑦复核施工单位自评的工程质量等级。⑧审核施工单位提出的工程质量缺陷处理方案。⑨参与质量事故的调查。

施工过程中,监理单位应按照《水利工程施工监理规范》(SL 288—2014)规定,对施工测量、现场工艺试验、旁站、质量检测、跟踪检测、平行检测及原材料、中间产品和工程设备的检验或验收等要求做好质量控制工作。

监理单位应认真履行职责,严格审核施工组织设计和各项施工方案,做到"事前预控、事中监控、事后验控",实现全方位、全过程监理。

总监理工程师、施工单位技术负责人应定期对专项施工方案实施情况进行巡查。

5.3　施工单位

5.3.1　一般规定

施工单位应推行全面质量管理,建立健全质量保证体系,制定和完善岗位质量规范、质量责任及考核办法,落实质量责任制。工程开工前,施工单位应成立现场质量管理领导小组,并建立岗位责任制和质量监督制度,明确分工职责。

施工单位应编写施工组织设计,重要的分部(专业)工程必须单独编制专项施工方案,经单位技术人审核后,报监理(建设)单位审批。施工条件发生变化时,施工单位应及时修订施工方案,经监理(建设)单位审批后执行。

工程开工前,施工单位应对质量管理人员及工人进行专业知识培训,经考核合格后方可上岗。分部工程施工前,重要部位、关键工序实施前,施工单位应进行技术交底,施工中执行自检、互检、交接检制度,及时整理施工技术资料。施工技术资料的内容应真实、完整。

5.3.2　材料进场检测验收

施工单位应配备专人负责进场材料的检测和验收,对进场材料的外观质量和质量证明文件进行检查,不符合要求的材料产品不得使用,并按照见证取样与送检规定,在监理(建设)单位见证下,对涉及结构安全的试块(件)、封样,共同送至检测机构进行检验。

施工单位应按规定进行抽查的材料,委托具有法定资质的检测机构,会同监理(建设)、施工单位按照相关标准规定的取样方法、数量和判定原则现场抽样检验。

进场材料检验合格并经监理(建设)单位同意后方可使用。对于检验不合格的材料,施工单位应在监理(建设)单位见证下进行封存,及时报告工程质量监督部门,按规定进行处理。

施工单位应建立材料检验及验收档案,相关资料必须完整、准确。

5.3.3　样板管理制度

施工单位应按照"预防为主、先做试点"的原则,通过推行工程样板先行管理制度,以样板工程引领后续同类工程施工,从而规范施工流程管理,提高施工工艺和技术管理水平,确保工程质量。

通过样板引路,后续工序必须按照样板的相关标准、规范及质量标准化施工,促进项目整体工程质量水平。

5.3.4　质量验收

施工过程中,施工单位应按照施工技术标准进行质量控制。每道工序完成后经自检合格后向监理单位报验,未经监理单位检查验收的,不得进行下道工序施工。

分部工程应由总监理工程师组织施工单位项目负责人、技术负责人、质量负责人等进行验收,勘察、设计单位项目负责人和施工单位技术负责人、质量负责人应参加地基与基础、主体分部工程的验收。

单项工程应由建设单位项目负责人组织勘察、设计、施工监理单位项目负责人等进行验收。

若工程出现质量缺陷,施工单位应根据实体情况及检测情况,及时提出技术处理方案或措施,经批准后按照方案对缺陷进行处理。

施工单位要推行全面质量管理,建立健全质量保证体系,制定和完善岗位质量规范、质量责任及考核办法,落实质量责任制。工程开工前,施工项目部要成立质量管理领导小组,并建立岗位责任制和质量监督制度,明确分工职责。

施工单位应实行日常检查和定期检查制:每天开现场碰头会,由项目技术人员对当天质量工作情况做出总结和分析,并提出解决办法;每周进行一次质量检查,发现问题及时处理。

施工单位应当在施工前对达到一定规模的危险性较大的单项工程编制专项施工方案。对于超过一定规模的危险性较大的单项工程,施工单位应当组织专家对专项施工方案进行审查论证。

建设工程开工前,施工单位技术负责人组织公司工程(项目)管理部门、项目部主要技术人员进行一级(公司级)技术交底,项目经理组织项目部主要技术人员、各班组组长进行二级(项目部级)技术交底。施工班组在现场施工前,班组长对一线施工人员进行三级(班组级)技术交底。

施工单位提出工程变更申请报告时,应填报变更原因、相关图纸、变更工程量和变更单价等。监理工程师审核工程变更的必要性和可行性、变更造价合理性、变更对工期的影响,并签署审核意见。设计单位审核工程变更图纸是否满足设计规范及原设计要求,并签署审核意见。建设单位按规定的审批权限进行批复。建设单位项目负责人按上级领导批复意见向监理工程师出具工程变更审批意见,明确变更是否执行。监理工程师下发工程变更通知,在变更通知中明确变更工程项目的详细内容、变更工程量、变更项目的施工技术要求、质量标准、相关图纸,明确变更工程的预算造价和工期影响。施工单位按工程变更通知令执行工程变更。

施工单位应推行全面质量管理,建立健全质量保证体系,制定和完善岗位质量规范、质量责任及考核办法,落实质量责任制。在施工过程中,施工单位应加强质量检验工作,认真执行"三检制",切实做好工程质量的全过程控制。

单元工程质量由施工单位质检部门组织评定,每完成一道工序或一个单元工程,都应经过"三检",即班组初检、施工队复检、质检部门终检,自检合格后填写《水利水电工程施工质量评定表》,终检人员签字后,报监理机构进行复核。若上道工序或上一单元工程未经复核或复核不合格,不得进行下道工序或下一单元工程施工。

报验时,施工单位应提交下列资料:①各班组的初检记录、施工队复检记录、施工单位专职质检员终检记录。②工序中各施工质量检验项目的检验资料。③施工单位自检完成后,填写《工序施工质量验收评定表》。

质检完成后,监理单位应提交下列资料:①监理单位对工序中施工质量检验的平行检测资料。②监理工程师签署质量复核意见的工序施工质量验收评定表。

隐蔽工程在隐蔽前,施工单位应当通知建设单位和建设工程质量监督机构。

施工单位应按《水利水电工程单元工程施工质量验收评定标准》(SL 631~639—2012)及有关技术标准对水泥、钢材等原材料与中间产品质量进行检验,并报监理单位复核,不合格产品,不得使用。

施工单位进场的设备及计量器具、试验仪器仪表、设备等应按规定进行检定和校准,检定证书在有效期内,并及时向监理机构组织报验。

施工单位应参加主体工程开工初期由项目法人组织的制定工程外观质量评定标准工作。

施工单位应依据《水利水电工程施工质量验收评定表及填表说明》《水利水电建设工程验收规程》《水利工程建设工程验收规程》《水利工程施工监理规范》及其他规范、规定和标准的有关要求,对施工资料进行整理。工程技术资料应如实反映工程建设过程的真实情况,资料应翔实、准确、规范。

5.4　质量监督单位

质量监督单位应根据国家的法律法规和工程建设强制性标准,对责任主体和有关机构履行质量责任的行为以及工程实体质量进行监督检查。

5.5　质量检测单位

质量检测单位受建设单位委托,依据国家有关法律法规和工程建设强制性标准,对涉及结构安全的项目进行抽样检测,对进入施工现场的建筑材料、构配件进行见证取样检测。

第6章 文明施工

6.1 文明施工措施

建设单位应负责文明施工的组织领导,应定期开展检查、考核、评比,并应积极推行创建"文明工地"活动。

在工程开工前,施工单位应将文明施工纳入工程施工组织设计,建立、健全组织机构及各项文明施工措施,并应保证各项制度和措施的有效实施和落实。

施工单位应编制文明施工方案,由项目部技术负责人、总监理工程师、建设单位负责人三方共同审批后实施。施工单位应建立健全各项规章制度,把安全文明施工管理控制措施纳入项目部经济承包合同内,并制定明确的奖罚措施。

若施工场地内有文物古迹和古树名木,施工单位必须采取有效保护措施,同时应根据文物保护法律法规,制定施工现场文物保护措施。

6.2 基本规定

(1)施工现场及各项目部的入口处设置明显的企业名称、工程概况、项目负责人、文明施工纪律等标识牌。

(2)不乱搭乱建施工用房和生活用房。

(3)施工道路平整、畅通,安全警示标志、设施齐全。

(4)风、水、电管线,通信设施,施工照明等布置合理,安全标识清晰。

(5)施工机械设备定点存放,车容机貌整洁,材料工具摆放有序,工完场清。

(6)消防器材齐全,通道畅通。

(7)施工脚手架、吊篮、通道、爬梯、护栏、安全网等安全防护设施完善、可靠,安全警示标志醒目。

(8)采取有效措施控制扬尘、有毒物质、噪声等危害,废渣、污水处理符合规定标准。

(9)办公区、生活区清洁卫生,环境优美。

（10）施工中的建筑物应当使用符合国家标准要求的密目式安全网进行封闭围挡。密目安全网封闭严密、牢固、平整、美观，封闭高度保持高出操作层 1.5 m 以上；使用前进行检验，检验不合格的不得使用。密目安全网用棕绳或尼龙绳绑扎在脚手架内侧，不得使用金属丝等不符合要求的材料绑扎。

6.3　施工现场作业人员基本要求

（1）进入施工现场时，作业人员应按规定穿戴安全帽、工作服、工作鞋等防护用品，正确使用安全绳、安全带等安全防护用具及工具，严禁穿拖鞋、高跟鞋或赤脚进入施工现场。

（2）作业人员应遵守岗位责任制和执行交接班制度，坚守工作岗位，不得擅离岗位或从事与岗位无关的事情。未经许可，不得将自己的工作交给别人，更不得随意操作别人的机械设备。

（3）严禁酒后作业。

（4）严禁在铁路、公路、洞口、陡坡、高处及水上边缘、滚石坍塌地段、设备运行通道等危险地带停留和休息。

（5）上下班应按规定的道路行走，严禁跳车、爬车、强行搭车。

（6）起重机、挖掘机等机械施工作业时，非作业人员严禁进入其工作范围内。

（7）高处作业时，作业人员不得向外、向下抛掷物件。

（8）严禁乱拉电源线路和随意移动、启动机电设备。

（9）作业人员不得随意移动、拆除、损坏安全卫生及环境保护设施和警示标志。

第 7 章　环境保护

7.1　扬尘

(1)各参建单位应建立扬尘防治领导小组。

(2)施工现场易产生扬尘污染的作业区应进行封闭作业。

(3)土方、渣土和施工垃圾运输采用密闭式运输车辆,或采取覆盖措施。

(4)堆放、装卸、运输等易产生扬尘污染的物料应采取遮盖、封闭、洒水等措施。

(5)风速四级以上天气应停止易产生扬尘的作业。

(6)现场进出口设冲洗池和吸湿垫,保持进出场车辆清洁,同时建立洒水清扫制度,现场配置洒水车定时进行洒水除尘。

(7)基坑周边、道路两侧设置喷淋系统,并定时启动喷淋系统,对现场扬尘进行控制。

(8)现场直接裸露的土体表面和集中堆放的土方应采用临时绿化、喷浆和隔尘布遮盖等抑尘措施。

(9)根据扬尘治理要求,施工现场设置降尘喷雾炮,派专人管理。

7.2　建筑、生活垃圾

(1)拆除建筑物、构筑物时,施工单位应采用隔离、洒水等措施防尘,并在规定期限内将废弃物清理完毕,严禁从建筑物内向外抛扬垃圾。

(2)建筑垃圾集中、分类堆放,及时清运;生活区设置垃圾桶,垃圾桶应分为可回收利用与不可回收利用两类,日产日清。

(3)垃圾清运委托有资格的运输单位,不得乱卸乱倒。

(4)不得在施工现场熔融沥青、焚烧垃圾等有毒有害物质。

(5)施工生产生活区域应设有相应卫生清洁设施和管理保洁人员,保持生产生活环境整洁、卫生。

(6)参建单位应加强工地办公区、集体宿舍区、集中供餐区等重点区域的生活垃圾分类管理,按照垃圾分类标准配置垃圾桶,垃圾桶按照可回收物、有害垃圾、厨余垃圾和其他垃圾进行分类。

7.3 排水

(1)施工现场设置良好的排水系统,保持排水畅通,地面无严重积水、污水、废水等外流或堵塞现象。

(2)施工废水、生活污水应符合污水综合排放标准。砂石料系统废水宜经沉淀池沉淀等处理后回收利用。合理设置沉淀池,严禁污水未经处理直接排入城市管网和河流。

(3)施工机械设备产生的废水、废油及生活污水不得直接排入河流、湖泊或其他水域中,也不得排入饮用水源附近的土地中。

(4)施工现场的厕所和工地厨房分别设置化粪池和隔油池,定期清理,不允许发生堵塞、渗漏、溢出等现象。

7.4 噪声

(1)施工现场在市区的建设项目,使用易产生噪音的机具时,应采取封闭作业,装卸材料时轻卸轻放。

(2)夜间施工的噪声强值应符合国家有关规定。

(3)施工现场在城郊或乡村的建设项目,项目部亦应采取有效措施,避免施工扰民,妥善处理与周边居民的关系。

(4)筛分楼、破碎车间、制砂车间、空压机站、水泵房、拌和楼等生产性噪声危害作业场所应设隔音值班室,作业人员应佩戴防噪耳塞等防护用品。

(5)木工机械、风动工具、喷砂除锈、锻造、铆焊等临时性噪声危害严重的作业人员,应配备防噪耳塞等防护用品。

(6)砂石料的破碎、筛分、混凝土拌和楼、金属结构制作厂等噪声严重的施工设施,不应布置在居民区、工厂、学校、生活区附近。因条件限制时,施工单位应采取降噪措施,使运行时噪声排放应符合规定标准。

(7)吊装作业指挥使用对讲机传达指令。

(8)施工现场设噪声监测点,并应实施动态监测。

7.5 废气

(1)进出车辆及机械设备废气排放必须符合国家年检要求。

(2)不得将煤炭作为施工现场的生活燃料。

(3)电焊烟气的排放应符合现行国家标准的规定。

(4)严禁在现场燃烧废弃物。

7.6　光

(1)夜间和高空作业时,采取挡光措施。

(2)工地设置大型照明灯具时,应有防止强光线外泄的措施。

7.7　其他

(1)产生粉尘、噪声、有毒、有害物质及危害因素的施工生产作业场所应制定职业卫生与环境保护措施。

(2)温暖季节,施工单位应对施工现场进行绿化。

(3)施工现场在边角等处每隔 15 m 设灭鼠屋,并设专人负责管理投放药品;温暖季节设置捕蝇笼。施工单位应对灭鼠屋和捕蝇笼标号,并在施工平面布置图上标识出来。

(4)施工现场建立防疫应急预案,定期对工人进行卫生防病宣传教育,发现疫情及时向卫生行政主管部门和建设行政主管部门报告,并采取有效处置措施。

第8章 临时工程标准化

8.1 临时用电、用油

8.1.1 临时用电管理

(1)施工现场临时用电设备在5台及以上或设备总容量在50 kW及以上者,应编制用电组织设计。

(2)电工必须经过按国家现行标准考核合格后,持证上岗工作,其他用电人员必须通过相关安全教育培训和技术交底,考试合格后方可上岗工作。

(3)施工现场临时用电必须建立安全技术档案,包括用电组织设计的全部资料、修改用电组织设计的资料、用电技术交底资料、用电工程检查验收表、电气设备的检验凭单和调试记录、接地电阻、绝缘电阻和漏电保护器漏电动作参数测定记录表、定期检(复)查表、电工安装、巡检、维修、拆除工作记录等。

8.1.2 外电线路及电气设备防护

(1)在建工程(含脚手架)的周边与架空线路的边线之间的最小安全操作距离如表8-1所示。

表 8-1 在建工程(含脚手架)的周边与架空线路的边线之间的最小安全操作距离

外电线路电压等级/kV	<1	1~10	35~110	220	330~500
最小安全操作距离/m	4.0	6.0	8.0	10	15

注:上、下脚手架的斜道不宜设在有外电线路的一侧。

(2)施工道路与外电架空线路的最小距离如表 8-2 所示。

表 8-2 施工现场道路设施等与外电架空线路的最小距离

类别	距离	外电线路电压等级		
		10 kV 及以下	220 kV 及以下	550 kV 及以下
施工道路与外电架空线路	跨越道路时距路面最小垂直距离/m	7.0	8.0	14.0
	沿道路边敷设时距离路沿最小水平距离/m	0.5	5.0	8.0
临时建筑物与外电架空线路	最小垂直距离/m	5.0	8.0	14.0
	最小水平距离/m	4.0	5.0	8.0

(3)各类施工机械外缘与外电架空线路边线的最小安全距离如表 8-3 所示。

表 8-3 各类施工机械外缘与外电架空线路的最小距离

类别	距离	外电线路电压等级		
		10 kV 及以下	220 kV 及以下	550 kV 及以下
各类施工机械外缘与外电架空线最小距离/m		2.0	6.0	8.5

(4)防护设施与外电线路之间的最小安全距离如表 8-4 所示。

表 8-4 防护设施与外电线路之间的最小安全距离

外电线路电压等级/kV	≤10	35	110	220	330	500
最小安全距离/m	1.7	2.0	2.5	4.0	5.0	6.0

(5)电气设备现场周围不得存放易燃易爆物、污染源和腐蚀介质,否则应予清除或做防护处置,其防护等级必须与环境条件相适应。

8.1.3 接地与防雷

(1)在施工现场专用变压器的供电的 TN-S 接零保护系统中,电气设备的金属外壳必须与保护零线连接。保护零线应由工作接地线、配电(总配电箱)电源侧零线或总漏电保护器电源侧零线处引出。

(2)在 TN-S 接零保护系统中,下列电气设备不带电的外露可导电部分应做保护接零:

①电机、变压器、电器、照明器具、手持式电动工具的金属外壳。

②电气设备传动装置的金属部件。

③配电柜与控制柜的金属框架。

④配电装置的金属箱体、框架及靠近带电部分的金属围栏和金属门。

⑤电力线路的金属保护管、敷线的钢索、起重机的底座和轨道、滑升模板金属操作平台等。

⑥安装在电力线路杆(塔)上的开关、电容器等电气装置的金属外壳及支架。

(3)城防、人防、隧道等潮湿或条件特别恶劣的施工现场的电气设备必须采用保护接零。

(4)TN-S 接零保护系统中的保护零线除必须在配电室或总配电箱处做重复接地外，还必须在配电系统的中间处和末端处做重复接地。在 TN-S 接零保护系统中，保护零线每一处重复接地装置的接地电阻值不应大于 10 Ω。在工作接地电阻值允许达到 100 Ω 的电力系统中，所有重复接地的等效电阻值不应大于 10 Ω。

(5)防雷装置应符合以下要求：

①施工现场内所有防雷装置的冲击接地电阻值不应大于 30 Ω。

②各机械设备的防雷引下线可利用该设备的金属结构体敷设，但应保证电气连接。

③机械设备上的避雷针(接闪器)长度应为 1～2 m。

④安装避雷针的机械设备所用动力、控制、照明、信号及通信等线路应采用钢管敷设，并将钢管与该机械设备的金属结构体作电气连接。

8.1.4 变压器与配电室

(1)施工用的 10 kV 及以下变压器装于地面时，变压器下应有 0.5 m 的高台，高台的周围应装设栅栏，其高度不应低于 1.7 m，栅栏与变压器外廓的距离不应小于 1 m，杆上变压器安装的高度不应低于 2.5 m，并挂"止步，高压危险"的警示标志。变压器的引线应采用绝缘导线。

(2)变压器运行中应定期检查以下内容：

①油的颜色变化，油面指示，有无漏油或渗油现象。

②响声是否正常，套管是否清洁，有无裂纹和放电痕迹。

③接头有无腐蚀及过热现象，油枕的集污器内有无积水和污物。

④有防爆管的变压器，要检查防爆隔膜是否完整。

⑤变压器外壳的接地线有无中断、断股或锈烂等情况。

(3)配电室应符合以下要求：

①配电室应靠近电源，并应设在无灰尘、无蒸汽、无腐蚀介质及振动的地方。

②成列的配电屏(盘)和控制屏(台)两端应与重复接地线及保护零线作电气连接。

③配电室应能自然通风，并应采取防止雨雪和动物进人的措施。

④对于配电屏(盘)正面的操作通道宽度，单列布置时应不小于 1.5 m，双列布置时应不小于 2 m；侧面的维护通道宽度应不小于 1 m；盘后的维护通道应不小于 0.8 m。

⑤在配电室内设值班或检修室时，该室距电屏(盘)的水平距离应大于 1 m，并应采取

屏障隔离。

⑥配电室的门应向外开,并配锁。

⑦配电室内的裸母线与地面垂直距离小于 2.5 m 时,应采用遮挡隔离,遮挡下面通行道的高度应不小于 1.9 m。

⑧配电室的围栏上端与垂直上方带电部分的净距不应小于 0.075 m。

⑨配电装置的上端距天棚不应小于 0.5 m。

(4)配电屏应符合以下要求:

①配电屏(盘)应装设有功、无功电度表,并应分路装设电流、电压表。电流表与计费电度表不应共用一组电流互感器。

②配电屏(盘)应装设短路、过负荷保护装置和漏电保护器。

③配电屏(盘)上的各配电线路应编号,并应标明用途。

④配电屏(盘)或配电线路维修时,应悬挂"电器检修,禁止合闸"等警示标志;停、送电应由专人负责。

(5)电压为 400 V/230 V 的自备发电机组应符合下列规定:

①发电机组及其控制、配电、修理室等,在保证电气安全距离和满足防火要求的情况下,既可合并设置也可分开设置。

②发电机组的排烟管道应伸出室外,机组及其控制配电室内严禁存放贮油桶。

③发电机组电源应与外电线路电源连锁,严禁并列运行。

④发电机组应采用三相四线制中性点直接接地系统,并须独立设置,其接地阻值不应大于 40 Ω。

⑤发电机组应设置短路保护和过负荷保护。

⑥发电机并列运行时,应在机组同期后再向负荷供电。

8.1.5　线路敷设

(1)架空线路架设应遵守下列规定:

①架空线应设在专用电杆上,严禁架设在树木、脚手架上。架空线电杆宜采用混凝土杆或木杆,混凝土杆不应有露筋、环向裂纹和扭曲;木杆不应腐朽,其梢径应不小于 130 mm。

②电杆埋设深度宜为杆长的 1/10 加 0.6 m。在松软土质处,应适当加大埋设深度或采用卡盘等加固。

③拉线宜用镀锌铁线,其截面不应小于 3 mm×Ø4.0 mm。拉线与电杆的夹角应在 30°～45°。拉线埋设深度应不小于 1 m。钢筋混凝土杆上的拉线应在高于地面 2.5 m 处装设拉紧绝缘子。

④因受地形环境限制不能装设拉线时,宜采用撑杆来代替蓄拉线,撑杆埋深应不小于 0.8 m,其底部应垫底盘或石块。撑杆与主杆的夹角宜为 30°。

（2）架空线导线应采用绝缘铜线或绝缘铝线,截面的选择应满足用电负荷和机械强度要求,接户线的最小截面积如表 8-5 所示。接户线在挡距内不应有接头。进线处离地高度不应小于 2.5 m。跨越铁路、公路、河流、电力线路挡距内的架空绝缘线铝线截面应不小于 25 mm²。

表 8-5　接户线的最小截面积

接户线架设方式	接户线长度/m	接户线截面/mm²	
		铜线	铝线
架空敷设	10～25	4.0	6.0
	≤10	2.5	4.0
沿墙敷设	10～25	4.0	6.0
	≤10	2.5	4.0

（3）架空线路与邻近线路或设施的距离应符合表 8-6 中。

表 8-6　架空线路与邻近线路或设施的距离

项目	邻近线路或设施类别					
最小净空距离/m	过引线、接下线与邻近			架空线与拉线电杆外缘	树梢摆动最大时	
	0.13			0.05	0.5	
最小垂直距离/m	同杆架设下方的广播线路通信线路	最大弧垂与地面		最大弧垂与暂设工程顶端	与邻近线路交叉	
		施工现场	机动车道	铁路轨道		1 kV 以下	1～10 kV
	1.0	4.0	6.0	7.5	2.5	1.2	2.5
最小水平距离/m	电杆至路基边缘			电杆与铁路轨道边缘	边线与建筑物凸出部分	
	1.0			杆高+3.0	1.0	

（4）配电线路应遵守下列规定:

①配电线路采用熔断器作短路保护时,熔体额定电流应不大于电缆或穿管绝缘导线允许载流量的 2.5 倍,或明敷绝缘导线允许载流量的 1.5 倍。

②配电线路采用自动开关作短路保护时,其过电流脱扣器脱扣电流整定值应小于线路末端单相短路电流,并应能承受短路时过负荷电流。

③经常过负荷的线路、易燃易爆物邻近的线路、照明线路应有过负荷保护。

④对于装设过负荷保护的配电线路,其绝缘导线的允许载流量应不小于熔断器熔体额定电流或自动开关延长时过流脱扣器脱扣电流整定值的 1.25 倍。

(5)电缆线路敷设应遵守下列规定：

①电缆干线应采用埋地或架空敷设，严禁沿地面明设，并应避免机械损伤和介质腐蚀。

②电缆在室外直接埋地敷设的深度应不小于 0.6 m，并应在电缆上下各均匀铺设不小于 50 mm 厚的细砂，然后覆盖砖块等硬质保护层。

③电缆穿越建筑物、构筑物、道路、易受机械损伤的场所及引出地面从 2 m 高度至地下 0.2 m 处时，应加设防护套管。

④埋地敷设电缆的接头应设在地面上的接线盒内，接线盒应能防水、防尘、防机械损伤并应远离易燃、易腐蚀场所。

⑤橡皮电缆架空敷设时，应沿墙壁或电杆设置，并用绝缘子固定，严禁使用金属裸线作绑线。固定点间距应保证橡皮电缆能承受自重所带来的荷重。橡皮电缆的最大弧垂距地面不应小于 2.5 m。

⑥电缆接头应牢固可靠，并应作绝缘包扎，保持绝缘强度，不应承受张力。

(6)室内配线应遵守下列规定：

①室内配线应采用绝缘导线，采用瓷瓶、瓷(塑料)夹等敷设，距地面高度不应小于 2.5 m。

②进户线过墙时应做穿管保护，距地面不应小于 2.5 m，并应采取防雨措施。

③进户线的室外端应采用绝缘子固定。

④室内配线所用导线截面应根据用电设备的计算负荷确定，但铝线截面应不小于 2.5 mm^2，铜线截面应不小于 1.5 mm^2。

⑤潮湿场所或埋地非电缆配线应穿管敷设，管口应密封。采用金属管敷设时应作保护接零。

8.1.6　配电箱、开关箱与照明

(1)动力配电箱与照明配电箱宜分开设置，若合置在同一配电箱内，动力和照明线路应分开设置。

(2)配电箱及开关箱安装使用应符合以下要求：

①配电箱、开关箱及漏电保护开关的配置应实行"三级配电，两级保护"，配电箱内电器设置应按"一机，一闸，一漏"原则设置。

②配电箱与开关箱的距离不应超过 30 m，开关箱与其控制的固定式用电设备的水平距离不宜超过 3 m。

③配电箱、开关箱应装设在干燥、通风及常温场所，不应装设在有严重损伤作用的瓦斯、烟气、蒸汽、液体及其他有害介质环境中，不应装设在易受外来固体物撞击、强烈振动、液体浸溅及热源烘烤的场所。

④配电箱、开关箱周围应有足够两人同时工作的空间和通道，不应堆放任何妨碍操

作、维修的物品,不应有灌木、杂草。

⑤配电箱、开关箱应采用铁板或优质绝缘材料制作,安装于坚固的支架上。固定式配电箱、开关箱的下底与地面的垂直距离应大于 1.3 m、小于 1.5 m;移动式分配电箱、开关箱的下底与地面的垂直距离应大于 0.6 m、小于 1.5 m。

⑥配电箱、开关箱内的开关电器(含插座)应选用合格产品,并按其规定的位置安装在电器安装板上,不应压斜和松动。

⑦配电箱、开关箱内的工作零线应通过接线端子板连接,并应与保护零线接线端子板分设。

⑧配电箱、开关箱内的连接线应采用绝缘导线,接头不应松动,不应有外露带电部分。

⑨配电箱和开关箱的金属箱体、金属电器安装板以及箱内电器的不应带电金属底座、外壳等保护接零,保护零线应通过接线端子板连接。

⑩配电箱、开关箱应防雨、防尘和防砸。

(3)总配电箱应设置总隔离开关、分路隔离开关、总熔断器、分路熔断器(或总自动开关和分路自动开关)以及漏电保护器。总开关电器的额定值、动作整定值应与分路开关电器的额定值、动作整定值相适应。总配电箱应装设电压表、总电流表、总电度表及其他仪表。

(4)每台用电设备应有各自专用的开关箱,严禁用同一个开关电器直接控制两台及两台以上用电设备(含插座)。

(5)开关箱中应装设漏电保护器,漏电保护器的装设应符合以下要求。

①漏电保护器应装设在配电箱电源隔离开关的负荷侧和开关箱电源隔离开关的负荷侧。

②漏电保护器的选择应符合《剩余电流动作保护电器(RCD)的一般要求》(GB/T 6829—2017)的要求,开关箱内的漏电保护器其额定漏电动作电流应不大于 30 mA,额定漏电动作时间应小于 0.1 s;使用于潮湿和有腐蚀介质场所的漏电保护器应采用防溅型产品,其额定漏电动作电流应不大于 15 mA,额定漏电动作时间应小于 0.1 s。

③总配电箱和开关箱中两级漏电保护器的额定漏电动作电流和额定漏电动作时间应作合理配合,使之具有分级分段保护的功能。

④漏电保护器应按产品说明书安装、使用和维护。

(6)各种开关电器的额定值应与其控制用电设备的额定值相适应,手动开关电器只应用于直接控制照明电路的容量不大于 5.5 kW 的动力电路,容量大于 5.5 kW 的动力电路应采用自动开关电器或降压启动装置控制。

(7)配电箱、开关箱中导线的进线口和出线口应设在箱体的下底面,严禁设在箱体的上顶面、侧面、后面或箱门处。移动式配电箱和开关箱的进、出线应采用橡皮绝缘电缆。进、出线应加护套分路成束并作防水弯,导线束不应与箱体进、出口直接接触。

(8)配电箱、开关箱的使用与维护应遵守下列规定：

①所有配电箱均应标明其名称、用途，作出分路标记，并应由专人负责。

②所有配电箱、开关箱应每月进行检查和维修一次；检查、维修时应按规定穿、戴绝缘鞋、绝缘手套，使用电工绝缘工具；检查、维修前应将其前一级相应的电源开关分闸断电，并悬挂停电标志牌。

③所有配电箱、开关箱的使用应遵守下述操作顺序：

a.配电操作顺序为：总配电箱→分配电箱→开关箱。

b.停电操作顺序为：开关箱→分配电箱→总配电箱（出现电气故障的紧急情况除外）。

④施工现场停止作业 1 h 以上时，应将动力开关箱断电上锁。

⑤配电箱、开关箱内不应放置任何杂物，并应经常保持整洁；更换熔断器的熔体时，严禁用不符合原规格的熔体代替。

⑥配电箱、开关箱的进线和出线不应承受外力，严禁与金属尖锐断口和强腐蚀介质接触。

(9)现场照明宜采用高光效、长寿命的照明光源。对需要大面积照明的场所，宜采用高压汞灯、高压钠灯或混光用的卤钨灯。照明器具选择应遵守下列规定。

①正常湿度时，选用开启式照明器。

②潮湿或特别潮湿的场所应选用密闭型防水、防尘照明器或配有防水灯头的开启式照明器。

③含有大量尘埃但无爆炸和火灾危险的场所应采用防尘型照明器。

④有爆炸和火灾危险的场所应按危险场所等级选择相应的防爆型照明器。

⑤振动较大的场所应选用防振型照明器。

⑥有酸碱等强腐蚀的场所应采用耐酸碱型照明器。

⑦照明器具和器材的质量均应符合有关标准、规范的规定，不应使用绝缘老化或破损的器具和器材。

(10)一般场所宜选用额定电压为 220 V 的照明器，对下列特殊场所应使用安全电压照明器：

①地下工程，有高温、导电灰尘，且灯具距地面高度低于 2.5 m 等场所的照明电源电压不应大于 36 V。

②在潮湿和易触及带电体场所的照明电源电压不应大于 24 V。

③在特别潮湿的场所、导电良好的地面、锅炉或金属容器内工作的照明电源电压不应大于 12 V。

8.1.7 临时用油（油库）

(1)独立建筑与其他建筑、设施之间的防火安全距离不应小于 50 m。

(2)加油站四周应设有不低于 2 m 高的实体围墙或金属网等非燃烧体栅栏。

（3）对于设有消防安全通道的临时油库，油库内道路宜布置成环行道，车道宽应不小于 4 m。

（4）露天的金属油罐、管道上部应设有阻燃物的防护棚。

（5）库内照明、动力设备应采用防爆型，并装设阻火器等防火安全装置。

（6）装设保护油罐贮油安全的呼吸阀、阻火器等防火安全装置。

（7）油罐区安装避雷针等避雷装置，其接地电阻应不大于 10 Ω，且应定期检测。

（8）金属油罐及管道应设防静电接地装置，接地电阻应不大于 30 Ω，且应定期检测。

（9）配备泡沫、干粉灭火器及沙土等灭火器材。

（10）设置醒目的安全防火、禁止吸烟等警告标志。

（11）设置与安全保卫消防部门联系的通信设施。

（12）库区内严禁一切火源，严禁吸烟，严禁使用手机。

（13）工作人员应熟练使用灭火器材，具备丰富消防常识。

（14）运输使用的油罐车应密封，并有防静电设施。

8.2　临时供水

（1）生活供水水质应经当地卫生部门检验合格方可使用。

（2）泵房内应有足够的通道，机组间距应不少于 0.8 m，泵房门应朝外开。

（3）蓄水池建设要求：

①基础稳固。

②墙体牢固，不漏水。

③有良好的排污清理设施。

④在寒冷地区应有防冻措施。

⑤水池上有人行通道，并设安全防护装置。

⑥生活专用水池须加设防污染顶盖。

（4）阀门井大小应满足操作要求，应安全可靠并有防冻措施。

（5）管道宜敷设于地下，采用明设时应有保温防冻措施。在山区明设管道时应避开滚石、滑坡地带。当明管坡度达 15°～25°时，管道下应设挡墩支承，明管转弯处应设固定支墩。

8.3　临时道路、便桥

8.3.1　临时道路

（1）道路纵坡的控制指标不宜大于 8%，进入基坑等特殊部位的个别短距离地段最大纵坡的控制指标不应超过 15%；道路最小转弯半径不应小于 15 m；路面宽度不应小于施工车辆宽度的 1.5 倍,且双车道路面宽度不宜窄于 7.0 m,单车道不宜窄于 4.0 m。单车道应在可视范围内设有会车位置。

(2)路基基础及边坡保持稳定。

(3)在急弯、陡坡等危险路段及岔路、涵洞口应设有相应警示标志。

(4)悬崖陡坡、路边临空边缘除设有警示标志外,还应设有安全墩、挡墙等安全防护设施。

(5)路面应经常清扫、维护和保养,并应做好排水设施,不应占用有效路面。

8.3.2　临时便桥

(1)栈桥、栈道应遵守以下规定:

①基础稳固、平坦畅通。

②人行便桥、栈桥宽度不应小于 1.2 m。

③手推车便桥、栈桥宽度不应小于 1.5 m。

④机动翻斗车便桥、栈桥应根据载荷进行设计施工,其最小宽度不应小于 2.5 m。

⑤设置防护栏杆、限载及相应安全警示标识。

(2)施工场内人行及人力货运通道应遵守以下规定:

①牢固、平整、整洁、无障碍、无积水。

②宽度不小于 1 m。

③危险地段设置防护设施和警告标志。

④冬季雪后有防滑措施。

⑤设置防护栏杆、限载及相应安全警示标志。

(3)临时性桥梁应遵守以下规定:

①宽度应不小于施工车辆最大宽度的 1.5 倍。

②人行道宽度应不小于 1.0 m,并应设置防护栏杆。

8.4　其他临时工程

8.4.1　现场大门

施工现场进出口必须设置铁制门,必须做防锈处理,并刷面漆。门的宽度不小于 4 m,充分考虑进材料时车辆的转弯半径。大门上应设置企业名称和标志,两侧立柱应有规范的安全标语。

8.4.2　现场围挡

(1)现场必须设置连续封闭的围挡,保持施工现场与外界有效隔离。对于管道铺设、河道治理、道路等户外线性工程,应在路口、穿越河道、道路、村庄和容易出现安全隐患的地段安装围挡。

(2)现场围挡应遵守以下规定：

①围挡主要由墙板、钢柱组成。墙板厚度不应小于 0.8 mm,高度为 1.8 m,墙板背面用 Ø48 mm×3.5 mm 钢管、专用卡扣等部件将钢板连接组合成一块整体墙板,上下端沿口采用厚 3 mm、断面宽 37 mm 的槽钢压条。墙板与墙板之间设置钢柱,钢柱截面为 100 mm×100 mm×3 mm 方管,立柱的间距不宜大于 3.6 m。

②横梁与立柱之间应采用螺栓可靠连接。

③围挡应采取抗风措施,当高度超过 1.5 m 时,在钢柱顶部往下 0.6 m 处加设 40 mm×40 mm×3 mm 角钢斜撑,斜撑与水平地面的夹角宜为 45°。

④立柱采用螺栓与地面锚固,特殊地段应在钢柱底端加设混凝土基础,钢柱底端埋深不小于 0.4 m。

⑤距离交通路口 20 m 范围内设置施工围挡的,围挡上部 0.8 m 以上部分应当采用通透性围挡,不得影响交通路口行车视距。

⑥围挡外立面设置两排反光条,第一道反光条中心线距地面 900 mm,第二道反光条中心线距地面 1700 mm。

8.4.3 临时用房

(1)临时用房的布置应满足现场防火、灭火及人员安全疏散的要求。

(2)临时用房和临时设施应纳入施工现场总平面布局,具体包括以下几类:

①施工现场的出入口、围墙、围挡。

②场内临时道路。

③施工现场办公用房、宿舍、发电机房、变配电房、可燃材料库房、易燃易爆危险品库房、可燃材料堆场及其加工场、固定动火作业场等。

④临时消防车道、消防救援场地和消防水源。

(3)施工现场临时用房的防火间距不应小于表 8-7 中规定的间距。

表 8-7 施工现场主要临时用房、临时设施的防火间距 （单位:m）

名称	防火间距						
	办公用房、宿舍	发电机房、变配电房	可燃材料库房	厨房操作间、锅炉房	可燃材料堆场及其加工场	固定动火作业场	易燃易爆危险品库房
办公用房、宿舍	4	4	5	5	7	7	10
发电机房、变配电房	4	4	5	5	7	7	10
可燃材料库房	5	5	5	5	7	7	10

续表

名称	防火间距						
	办公用房、宿舍	发电机房、变配电房	可燃材料库房	厨房操作间、锅炉房	可燃材料堆场及其加工场	固定动火作业场	易燃易爆危险品库房
厨房操作间、锅炉房	5	5	5	5	7	7	10
可燃材料堆场及其加工场	7	7	7	7	7	10	10
固定动火作业场	7	7	7	7	10	10	10
易燃易爆危险品库房	10	10	10	10	10	12	12

注:1.临时用房、临时设施的防火间距应按临时用房外墙外边线或堆场、作业场、作业棚边线间的最小距离计算,当临时用房外墙有突出可燃构件时,应从其突出可燃构件的外缘算起。

2.两栋临时用房相邻较高一面的外墙为防火墙时,防火间距不限。

3.本表未规定的,可按同等火灾危险性的临时用房、临时设施的防火间距确定。

(4)办公用房、宿舍的防火设计应符合下列规定:

①建筑构件的燃烧性能等级应为 A 级。当采用金属夹芯板材时,其芯材的燃烧性能等级应为 A 级。

②建筑层数不应超过 3 层,每层建筑面积不应大于 300 m²。

③层数为 3 层或每层建筑面积大于 200 m² 时,应设置至少 2 部疏散楼梯,房间疏散门至疏散楼梯的最大距离不应大于 25 m。

④单面布置用房时,疏散走道的净宽度不应小于 1.0 m;双面布置用房时,疏散走道的净宽度不应小于 1.5 m。

⑤疏散楼梯的净宽度不应小于疏散走道的净宽度。

⑥宿舍房间的建筑面积不应大于 30 m²,其他房间的建筑面积不宜大于 100 m²。

⑦房间内任一点至最近疏散门的距离不应大于 15 m,房门的净宽度不应小于 0.8 m;房间建筑面积超过 50 m² 时,房门的净宽度不应小于 1.2 m。

⑧隔墙应从楼地面基层隔断至顶板基层底面。

(5)发电机房、变配电房、厨房操作间、锅炉房、可燃材料库房及易燃易爆危险品库房的防火设计应符合下列规定:

①建筑构件的燃烧性能等级应为 A 级。

②层数应为 1 层,建筑面积不应大于 200 m²。

③可燃材料库房单个房间的建筑面积不应超过 30 m²,易燃易爆危险品库房单个房间的建筑面积不应超过 20 m²。

④房间内任一点至最近疏散门的距离不应大于 10 m,房门的净宽度不应小于 0.8 m。

（6）其他防火设计应符合下列规定：

①宿舍、办公用房不应与厨房操作间、锅炉房、变配电房等组合建造。

②会议室、文化娱乐室等人员密集的房间应设置在临时用房的第一层，其疏散门应向疏散方向开启。

（7）临时用房的下列场所应配置灭火器：

①易燃易爆危险品存放及使用场所。

②动火作业场所。

③可燃材料存放、加工及使用场所。

④厨房操作间、锅炉房、发电机房、变配电房、设备用房、办公用房、宿舍等临时用房。

⑤其他具有火灾危险的场所。

（8）临时用房的临时室外消防用水量不应小于表8-8中规定的水量。

表8-8　临时用房的临时室外消防用水量

临时用房的建筑面积之和	火灾延续时间/h	消火栓用水量/(L/s)	每支水枪最小流量/(L/s)
1000 m²＜面积≤5000 m²	1	10	5
面积＞5000 m²		15	5

8.4.4　预制构建场

（1）总体规划布置应遵循合理使用场地、有利施工、便于管理等基本原则。分区布置应满足防洪、防火等安全要求及环境保护要求。

（2）预制场按功能合理划分为作业区、石料堆放区、材料库及运输车辆停放区，并按照监理批准的规划进行建设。

（3）预制场的所有场地及进出场道路必须进行混凝土硬化处理。场地四周应设置排水沟，同时在场地外侧合适的位置设置沉砂井及污水过滤池，严禁将场内生产废水直接排放。预制场应采用封闭式管理，四周设置围墙，进出场设置大门。

（4）预制场的计量设备通过有关计量部门标定后方可投入生产，使用过程中应不定期进行复检，确保计量准确。

（5）集料仓应搭设防雨棚。材料应统一规划，分批堆放。不同料源、不同规格的材料严格分开存放，并设置高度不低于1.5 m的圬工分隔墙。所有材料分批验收，验收合格的材料方可进场。

（6）施工单位应严格按照规定对现场材料进行标识，标识内容应包括材料名称、产地、规格型号、生产日期、出产批号、进场日期、检验状态、进场数量、使用单位等，标识版面尺寸为0.6 m×0.5 m。

8.4.5　施工通信

(1)建立完备的通讯录,以便联系。

(2)建立工作联系群(如微信群、QQ 群)。

(3)保持电话畅通,保持网络畅通。

8.4.6　钢筋加工区

(1)钢筋加工区场地需硬化处理。

(2)钢筋加工场应实行封闭管理,储存区、加工区、成品区布设应合理。

(3)钢筋棚按要求设置双层防护和防雨措施,张贴钢筋加工操作规程。

(4)成品钢筋、半成品钢筋材料堆放应按要求离地不小于 30 cm,并进行覆盖。

(5)钢筋加工区内设置足够的夜间照明,照明灯具设有防护网罩。

(6)设备与墙壁、设备与设备之间的距离不得小于 1.5 m。

(7)每台设备应设有独立的事故紧急停机开关和漏电保护器,事故紧急停机开关应装设在醒目、易操作的位置,且有明显标志。

(8)冷拉钢筋的卷扬机前及另一端应设置木防护挡板,其宽度应不小于 3 m,高度应不小于 1.8 m,并设置孔径为 20 cm 的观察孔,或者卷扬机与冷拉方向布置成 90°,并采用封闭式导向滑轮。

(9)冷拉作业沿线应设置宽度不小于 4 m、有明显警告标志的工作区域。

(10)对焊机应设有宽度不小于 1 m,长度不小于对焊机长度的绝缘操作平台。

(11)所有加工设备的接地、接零可靠。

8.4.7　木工加工区

8.4.7.1　模板加工区

(1)车间厂房与原材料储堆之间应保持不小于 10 m 的安全距离。

(2)储堆之间应设有路宽不小于 3.5 m 的消防车道,进出口应保持畅通。

(3)车间内设备与设备之间、设备与墙壁等障碍物之间的距离不得小于 2 m。

(4)模板加工区应设有水源可靠的消防栓,且车间内配有适量的灭火器。

(5)场区人口、加工车间及重要部位应设有醒目的"严禁烟火"警告标志。

(6)加工区内至少配置两台泡沫灭火器、0.5 m 的沙池或者 10 m² 水池和消防桶。消防器材不应挪作他用。

(7)木材烘干炉池建在指定位置,远离火源,并安排专人值班、监督。

8.4.7.2　木材加工设备安装运行

(1)每台设备均装有事故紧急停机单独开关,开关与设备的距离应不大于 5 m,并设有明显的标志。

(2)刨车的两端应设有高度不低于 0.5 m、宽度不少于轨道宽 2 倍的木质防护栏杆。

(3)设备上应配备锯片防护罩、排屑罩、皮带防护罩等安全防护装置,锯片防护罩底部与工件的间距应不大于 20 mm,在机床停止工作时防护罩应全部遮盖住锯片。

(4)锯片后离齿 10～15 mm 处安装齿形楔刀。

(5)电刨子的防护罩不得小于刨刀宽度。

(6)设备上应配备足够供作业人员使用的防尘口罩和降噪耳塞。

4.4.8　工地实验室

(1)工地实验室的环境应满足工作任务的要求。

(2)实验室宜设置在砖混结构的房间内,地面应铺筑水泥,墙壁作简易粉刷,砌筑牢固平坦的实验操作台。

(3)实验室应清洁整齐,检测设备的放置应便于操作,并按其功能要求,合理分类,避免互相干扰。

(4)室内采光好,管道、线路布置整齐,有安全治理措施。

(5)实验室使用面积不低于 10 m^2,标准养护室不低于 20 m^2。

第9章 标志、标牌标准化

9.1 项目法人(代建)驻地

9.1.1 院内

大门进出口处应设置工程概况牌、质量与安全责任人公示牌、施工平面示意图、工程立体效果图。院内应设置党建宣传栏、安全生产、消防保卫、文明施工、环境保护制度牌、防疫责任公示牌等。

9.1.2 办公室

根据办公室职责分工,在办公室内设置各种管理图表、部门规章制度、部门职责等标牌。

9.1.3 会议室

会议室应设置组织机构图、工程形象进度图、施工进度计划图等标牌。

9.1.4 党建活动室

党建活动室应设置党旗(一般规格为 144 cm×96 cm,或旗面长宽之比为 3∶2)、入党誓词、党员权利义务、党内有关制度等标牌。

9.1.5 宿舍

宿舍应设置宿舍管理制度、卫生管理制度等标牌。

9.1.6 娱乐室

娱乐室应设置卫生、安全、消防制度等标牌。

9.1.7 食堂

食堂应设置食堂管理、卫生、安全、消防、防疫、食品采购验收、节约用餐制度和厨师岗位职责等标牌。

9.1.8 厕所

厕所应设置管理、卫生制度等标牌。

9.1.9 办公区

全域内均应设置禁止吸烟警示牌。

9.2 监理单位驻地

9.2.1 院内

大门进出口处应设置项目简介牌。院内应设置党建宣传栏、项目平面示意图、防疫责任公示牌等。

9.2.2 办公室

办公室应根据办公室职责分工设置各种管理图表、部门规章制度、部门职责等标牌。

9.2.3 会议室

会议室应设置监理组织结构框图、质量与安全监理程序框图、工程形象进度图、晴雨表等标牌。

9.2.4 党建活动室

党建活动室应设置党旗(一般规格为 144 cm×96 cm,或旗面长宽之比为 3∶2)、入党誓词、党员权利义务、党内有关制度等标牌。

9.2.5 宿舍

宿舍应设置宿舍管理制度、卫生管理制度等标牌。

9.2.6 娱乐室

娱乐室应设置卫生、安全、消防制度等标牌。

9.2.7   食堂

食堂应设置食堂管理、卫生、安全、消防、防疫、食品采购验收、节约用餐制度和厨师岗位职责等标牌。

9.2.8   厕所

厕所应设置管理、卫生制度等标牌。

9.2.9   办公区

全域内均应设置禁止吸烟警示牌。

9.3   施工单位驻地

9.3.1   院内

大门进出口处应设置工程概况牌、质量与安全责任人公示牌等。院内应设置党建宣传栏、安全生产、消防保卫、文明施工、环境保护制度牌、施工平面示意图、工程立体效果图、防疫责任公示牌、农民工维权信息告示牌、农民工工资发放公示牌、重大危险源公示牌等。

9.3.2   办公室

办公室应根据办公室职责分工设置各种管理图表、部门规章制度、部门职责等标牌。

9.3.3   会议室

会议室应设置组织机构框图、质量保证体系框图、安全保证体系框图、工程形象进度图、施工进度计划图、晴雨表等标牌。

9.3.4   党建活动室

党建活动室应设置党旗(一般规格为 144 cm×96 cm,或旗面长宽之比为 3∶2)、入党誓词、党员权利义务、党内有关制度等标牌。

9.3.5   宿舍

宿舍应设置宿舍管理制度、卫生管理制度等标牌。

9.3.6   娱乐室

娱乐室应设置卫生、安全、消防制度等标牌。

9.3.7 食堂

食堂应设置食堂管理、卫生、安全、消防、防疫、食品采购验收、节约用餐制度和厨师岗位职责等标牌。

9.3.8 厕所

厕所应设置管理、卫生制度等标牌。

9.3.9 办公区

全域内均应设置禁止吸烟警示牌。

9.4 施工现场

9.4.1 基本要求

施工现场警告、禁止、指令、提示等标志牌的尺寸、样式参照《安全标志及其使用导则》(GB 2894—2008)的要求。

9.4.2 安全警示标志设置位置

不同类型标志牌同时设置时,应按警告、禁止、指令、提示的顺序,先左后右、先上后下排列。

9.5 施工作业区名称标牌

9.5.1 混凝土拌和站

混凝土拌和站应设置碎石、砂、水泥等材料标识牌和混凝土、砂浆配和比牌。根据设计混凝土(砂浆)强度确定的实验室配和比以及现场配和比应进行公示。

9.5.2 钢筋、木工加工作业区

钢筋、木工加工作业区应设置双层防护和防雨棚,棚上张贴安全操作规程、机械伤人、注意安全、禁止堆放、当心火灾、佩戴安全帽等标牌。设置钢筋成品区、模板成品区标识牌。

第 10 章　数字化建设标准化

10.1　一般规定

10.1.1　总体架构

数字化工地管理系统由基础层、平台层、应用层、展示层构成。

（1）基础层对施工现场各类信息进行传感、采集、识别、控制，主要包括各类感知节点、传输网络、自动识别装置、监控终端等设备，如环境监测传感器、视频监控摄像头、塔式起重机安全监控管理等设备或系统。

（2）平台层可实现施工现场各种信息数据的汇聚、整合及各业务功能模块的集成运行，为应用层的具体应用提供支撑，主要功能有互联网协作类功能、管理协同类功能、基于互联网＋的移动互联类功能、实现与其他智慧工地平台信息交互的移动互联能力、物联网设备的 IOT 接入类功能、BIM 和 GIS 专业技术类功能。

（3）应用层可实现对施工现场各类业务的应用管理，主要涵盖工程信息管理、人员管理、机械设备管理、物料管理、工法管理、质量管理、安全管理、视频监控、绿色施工管理等，并支持对应的数据统计、分析、预警和各业务模块之间的数据共享。

（4）展示层应能提供基于 PC 端和移动端两种展示方式，其中移动端应用应支持 iOS 和 Android 两种系统。

数字化工地管理系统同时涉及多个不同用户类型，存在大量的数据共享、沟通协作，宜采用云架构以保障不同客户类型之间的沟通协作、数据共享。

10.1.2　建设内容

作为标准化工地建设的一部分，数字化工地建设应包含以下系统：人员管理系统、车辆识别管理系统、施工机械设备管理系统、视频监控系统、环境监测系统、施工用电监测系统以及二维码数字化应用系统等。

作为标准化工地建设的延伸和补充，在条件具备的情况下，数字化工地建设宜包含以下系统：人员定位系统、运输车辆定位系统、深基坑/高边坡监测系统、高大模板与支架监测系统、盾构施工监测系统、混凝土测温监控系统、智能路面碾压系统以及水情监测系统等。

此外，数字化工地建设还可包含质量管理系统、安全管理系统、BIM＋GIS 应用系统等项目管理相关系统。

10.1.3　基本要求

（1）数字化工地系统应具备实时采集、传输、显示、存储、统计分析、提示或报警功能。相关信息处理、存储、传输设备应有防止干扰的措施，并与强电分离。

（2）数字化工地现场网络接入带宽应满足相关通信设备、应用终端的网络带宽要求，网络接入带宽应在 300 Mbps 以上（或专线接入 100 Mbps 以上）。

（3）数字化工地相关信息数据的存储不应少于 30 天，视频数据存储不应少于 60 天。

（4）数字化工地系统采用的软硬件接口和协议应满足行业监管系统平台的数据接口要求，具备与行业监管系统平台的一致性对接和数据稳定传输，并按要求规定确保数据信息即时性、有效性。此外，它还应为外部系统平台提供可访问的接口。

（5）数字化工地采用的软件系统、硬件设施设备均应有相关的维护操作手册。

（6）数字化工地数据信息的采集、传输、存储、共享、分析、处理等应用应符合国家信息安全保密的规定，对不同使用人员进行身份认证，实现分权分域管理，确保数据信息安全。

10.1.4　规划方案

施工单位应编制数字化工地专项建设方案，并应包括下列内容：

（1）硬件设置计划：包括硬件设置位置、设置方式、设置数量、设置时间以及动态迁移安排等。

（2）硬件技术参数：包括相关硬件技术参数，如摄像头的分辨率、码流、通讯协议、带宽等。

（3）实施流程：包括智慧工地各子系统实施进度计划、进度控制手段等。

（4）保证措施：包括组织保障措施、技术保障措施、供电保障措施等。

（5）故障申报：包括申报流程、申报渠道、跟踪工作要求。

（6）管理组织架构：包括管理人员姓名、职务、工作职责及联系电话。

10.1.5　监控中心

（1）数字化工地建设应在施工现场设置监控中心，建议监控值班室面积不小于50 m²，配置显示屏、音响设备、监控台桌椅及值班电脑等，满足工地现场信息的集中展示、24 h 值班及应急工作处理等功能需求。监控中心大屏显示器可采用液晶显示器

(LCD)或发光二极管(LED)显示器,面积应不小于 7 m²。

(2)若数字化工地系统采用本地部署,则应设置单独的监控中心机房,包含机柜、不间断电源(UPS)、照明、网络、供电、空调等。在监控中心机房内配置服务器,读取并整合各施工现场数据。

(3)施工单位宜配置至少 2 名信息化技术专员,作为日常运行监控、系统日常问题处理的负责人员,其余日常运行人员由施工单位根据实际需求配置。

10.1.6　性能要求

数字化工地管理系统应满足如表 10-1 所示的性能指标。

表 10-1　数字化工地管理系统性能指标

性能指标名称	目标性能指标值	描述
用户人数	≥5000 人	指系统额定的用户数量
并发访问量	>500 次/s	指系统可以同时承载正常使用系统功能用户的访问数量
页面响应时间	<5 s	指页面对请求系统做出响应所需要的时间,打开或刷新首页、功能以及切换到其他页面的响应时间
查询检索时间	<3 s(简单查询) 　 <30 s(复杂和组合查询)	指单次对相关文件进行全文检索或模糊查询所用的时间,查询结果应按照一定原则进行排序、筛选、保存,应提供图形或图表等显示方式,输出结果应提供 Word、WPS 等通用的办公处理软件可以使用的格式。查询主要指以下两种: 简单查询:对数据库单个表结构进行的匹配查询; 复杂和组合查询:对数据库多个表结构进行的匹配查询
文件上传速率	≥50 kB/s	文件上传的速率,应显示实时传输的速率与上传进度
数据分析时间	≤1 min(一般情况) ≤5 min(复杂情况)	一般情况:针对单个功能模块进行的数据分析; 复杂情况:针对多个功能模块进行的综合数据分析
系统日志的备份/恢复时间	≤10 min	系统日志应记录对系统数据的修改、访问日志(包括 IP 地址),系统日志应提供定期清理功能
系统备份恢复时间	≤30 min(增量备份)	—

10.1.7　人员管理系统

10.1.7.1　一般规定

(1)施工单位应通过数字化手段实现人员实名制管理,功能模块内容包括但不限于人员信息管理、考勤管理、门禁管理、劳务管理以及培训教育。施工单位应根据国家信息安全相关法律法规,实现人员信息数据采集、传输、存储、使用以及销毁等全生命周期安全保障,确保人员敏感信息不被泄露和滥用。

(2)人员实名制管理范围应包含但不限于施工作业人员、参建单位管理人员。施工作业人员管理信息应包含实名制信息记录、行为记录、教育培训记录、考勤记录、工资记录等内容;参建单位管理人员信息应包含实名制信息记录、考勤记录等内容。

(3)人员管理系统应包含软硬件系统,即数据采集设备、数据存储系统、数据分析系统等。

10.1.7.2 功能要求

(1)人员管理系统应具备项目作业人员信息记录管理功能,内容包括但不限于姓名、性别、民族、出生日期、户籍住址、证件类型、证件编码、身份证照片(正反)、身份证头像、近照、工种(职务)、联系方式、进出场时间、劳动合同、工资发放等。

(2)教育培训记录信息应包含但不限于技术交底、培训课程名称、培训类型、培训人、培训时长、培训单位等。

(3)人员管理系统应记录项目管理人员和建筑工人到场驻留的时间。

(4)人员管理系统应具备建筑工人工资发放记录、统计、查询等功能。

(5)人员管理系统应实现与政府监管平台等外部系统之间的数据对接。

(6)人员管理系统应具有反映施工人员所在位置、工种、进入施工区域时间和停留时间的功能。

10.1.7.3 安装要求

(1)设备安装要符合技术标准要求。

(2)每套门禁管理设备人员进出通道数量根据施工高峰期施工人员数量而定,且不少于两个。

(3)门禁管理设备宜设置在工地主要出入口或办公区。

(4)在使用人员定位功能时,要提前设定危险区域、预警提示。

10.2 施工机械设备管理系统

10.2.1 设备台账管理

施工单位应对现场所使用的施工机械设备进行管理,包括设备基础信息、人员信息、运行状态信息、维修保养信息。

施工机械设备基础信息应包括设备数量、规格、型号、生产厂家、机械设备备案证明、进出场记录等。

施工机械设备人员信息应包括安装及拆除人员信息、操作人员信息、维保人员信息等。

施工机械设备维修保养信息应包括维修保养对象信息、维修保养内容、人员信息、时间信息等。

施工现场应将设备的二维码打印并贴至施工机械设备相应部位。通过扫描二维码，作业人员可以查看设备的相关信息。

10.2.2　设备安全管理

施工机械设备应加装传感设备，用以监控记录其运行状态。传感设备应具备声光报警、自动记录功能。各类施工机械的运行状态信息监测要求如下：

升降机监测应包括但不限于载重、限位、防坠器状态、高度、倾角、速度（防坠）等信息等。升降机监测应建立预警机制，当监测到升降机异常信息时，记录异常、发出报警并推送信息；当司机违章操作时，自动终止施工升降机危险动作。升降机监测还应对升降机历史运行数据进行统计和分析。

龙门吊监测应包括但不限于风速、门式起重机载荷、天车行程、大车行程、卷扬机升降情况、钩重和高度信息等。龙门吊监测应建立预警机制，当监测到龙门吊运行参数异常时，记录异常、发出报警并推送信息。龙门吊监测还应对龙门吊历史运行数据进行统计和分析。

塔吊监测应包括但不限于塔臂的转动角度、塔顶风速、塔吊起重的重物重量、幅度和高度塔身倾斜角度信息等。塔吊安全监测应包含但不限于限位、防碰撞、吊钩可视化以及身份识别功能。当监测到塔吊机异常信息时，记录异常、发出报警并推送信息。塔吊有运行危险趋势时，塔吊控制回路电源应能自动切断。塔吊监测应对塔吊历史运行数据进行统计和分析。

设备安全管理系统对施工现场用到的施工机械设备进行实时监测，进行综合分析，保障施工安全。

各类起重机械应安装人脸识别模块，对操作员进行人脸识别，识别成功后方能启动，杜绝无证人员随意驾驶起重机械设备。

10.2.3　监测设备性能要求

监测设备应满足表 10-2 所示的性能要求。

表 10-2　各类监测设备的性能要求

	设备类型	性能要求
（一）塔吊监测		
1	高度传感器	精度：0.10 m
2	风速传感器	风速分辨率 0.1 m/s

续表

	设备类型	性能要求
3	吊重传感器	监测范围 0～99.99 t,载重分辨力 0.1 t
4	回转传感器	角度监测精度±2°
5	变幅传感器	精度:0.10 m
6	监测主机	报警信息 30 s 内推送给人
7	人脸识别模块	识别速度:20 万次匹配/秒,识别率＞98％
8	数据传输模块	支持 4G、LAN 或 RS485 或 CAN 或 WiFi 等通信协议
(二)升降机监测		
1	高度传感器	精度:0.10 m
2	载重传感器	依据型号确定
3	监测主机	报警信息 30 s 内推送给人
4	人脸识别模块	识别速度:20 万次匹配/秒,识别率＞98％
5	数据传输模块	支持 4G、LAN 或 RS485 或 CAN 或 WiFi 等通信协议
(三)龙门吊监测		
1	高度传感器	精度:0.10 m
2	载重传感器	依据型号确定
3	监测主机	报警信息 30 s 内推送给人
4	风速传感器	风速分辨率 0.1 m/s
5	变幅传感器	精度:0.10 m
6	偏斜传感器	精度:0.01°
7	人脸识别模块	识别速度:20 万次匹配/秒,识别率＞98％
8	数据传输模块	支持 4G、LAN 或 RS485 或 CAN 或 WiFi 等通信协议

10.2.4　车辆管理

10.2.4.1　车牌进出管理

存在场地封闭要求的区域应在主要出入口设置车辆识别系统,其功能包括但不限于:

(1)车牌自动识别。车辆进入识别范围后,通过识别相机抓拍车辆图片,识别车辆车牌,自动判定能否让车辆正常通过,并启动相应的交通设施,也可发出警告,给出必要的提示。

(2)视频抓拍功能。车辆进入抓拍范围后,自动实现对进入车辆的拍摄,并通过车牌识别仪,提取车辆的车牌号码进行比对,用于辅助查询。

(3)报警提示功能。当系统识别出来的车辆车牌不符合条件时,或者车牌在黑名单库时,系统自动报警,提示工作人员进行检查。

(4)数据查询与统计功能。根据不同检索条件查询通行信息、报警信息、场内车辆、操作日志、设备状态等信息。

10.2.4.2　车辆定位管理

当施工环境特殊,存在大规模机群作业,无法封闭管理时,施工现场宜采用车辆定位系统。车辆定位系统的功能应包括但不限于施工设备的车辆位置、线路规划,电子围栏设置(超区域报警),速度、里程、工作时间、趟次、点火、熄火、超速报警,疲劳报警,停车超时监控。

10.3　视频监控系统

10.3.1　信息数据

视频监控信息数据应包括但不限于如下内容:

(1)人员信息:人员外部特征、人员行为、人员位置变化。

(2)物体信息:材料位置变化、机械设备运行状态、车辆进出信息及位置变化。

(3)形象进度:施工进度、场容场貌。

10.3.2　基本功能

视频监控系统应具备如下基本功能:

(1)实时显示、录像回放、设备管理、权限管理、联动报警等功能。

(2)在移动端、PC 端对摄像头进行远程控制功能。

10.3.3　AI 功能

视频监控系统应具备如下 AI 功能:

(1)人脸识别:实时监测画面中的人员,可以自动分析人脸信息,识别工地内人员的相貌特征,区分工地业主或外来人,加强工地人员管理。

(2)安全帽识别:实时监控重点区域的人员佩戴安全帽情况,当发现未佩戴安全帽的情况时,发出警告。

(3)危险场所监控:侦测视频中是否有物体/人员入侵预先设置的危险场所,当有物体/人员在监控时间内进入该区域,产生告警。

10.3.4　安装要求

(1)监控范围应覆盖施工作业现场整体区域,满足全景式监控要求,对于作业现场相对不固定的,宜设置移动球机。

(2)项目部会议室摄像头应安装于项目部会议室高处,摄像头正对会议室,不得遮挡。

(3)班前教育讲评台摄像头应安装于班前教育讲评台高处,摄像头应覆盖班前讲评区域。

(4)车辆出入口摄像头应安装于所有车辆出入口,摄像头正对行车通道。

(5)人员出入口摄像头应安装于所有人员出入口,摄像头正对实名制闸机。

(6)全景摄像头应安装于场地制高点,根据现场布置图,摄像头应对向安装,安装数量不少于1台,且应保证施工场地内全部平面区域能被200 m范围内的摄像头所覆盖。若工地范围较大,应结合现场情况增加摄像头,做到施工区域全覆盖。

(7)施工作业面、钢筋加工场、集中加工区、主要材料堆放区等重点部位应实现视频监控全覆盖。若全景摄像头覆盖不到重点部位,应单独设置摄像头。

(8)施工现场应在车辆冲洗点、车辆出入口设置视频监控,避免车辆带泥上路、废弃物散落。

(9)对于管道铺设、河堤加固等户外线性工程,应采用4G摄像头,随着施工作业面的移动而移动。

(10)施工单位应提供220 V市电至摄像头安装位置附近,并做好雷击防护。

(11)摄像头安装位置不能影响现场施工,并远离施工泥浆和洒水作业可能溅到之处。

10.3.5 存储时间

视频监控信息存储时间应不少于30天。

10.4 环境监测系统

10.4.1 一般规定

生活区和施工现场应设噪声监测点,在经常发生扬尘和噪声污染的部位安装监测设备,并有屏幕显示监测信息。监测点应选用扬尘监测、噪声监测、视频监控、气象监测以及数据采集传输于一体的高性能监测设备,所采集的数据能实时上传给项目法人指定的信息化管理系统、地方政府环境管理部门。

10.4.2 功能要求

监测设备系统可集成喷淋控制功能,根据 $PM_{2.5}$ 和 PM_{10} 数值,控制雾炮、围挡、塔机等降尘喷淋设备使用。

10.4.3　监测设备性能要求

环境监测设备应满足表 10-3 所示的性能要求。

表 10-3　环境监测设备性能要求

	设备类型	性能要求
1	风速监测	分辨率:0.1 m/s,测量精度:±1 m/s
2	风向监测	风向范围:0～360°/16 方位,分辨率:1°,测量精度:±3°
3	温度监测	分辨率:0.1 ℃,准确度:±0.3 ℃
4	湿度监测	量程:0～100%RH,分辨率:0.1%RH,准确度:5%RH
5	TSP 监测	测量范围:0.001～40 mg/m³,分辨率:1 μg/m³
6	扬尘(PM$_{2.5}$)	测量范围:0.001～6 mg/m³,分辨率:1 μg/m³
7	扬尘(PM$_{10}$)	
8	噪声监测	量程:30～130 dB,频率范围:20 Hz～12.5 kHz,准确度:±1.5 dB

10.4.4　安装数量要求

(1)施工时间在 15 天以上的工程均应配置环境监测系统。

(2)施工现场不少于 1 个监测点,每增加 1 处环境、噪声污染点,均需要增加 1 台监测设备。

10.4.5　安装位置要求

(1)工地现场主要出入口内侧。

(2)生产区域易产生扬尘处。

(3)搅拌站主出入口处。

(4)监测设备应在施工现场远程视频监控范围内。

(5)工地雾炮、喷淋等联动设备与监测设备的距离不低于 5 m。

10.5　施工用电监测

10.5.1　一般规定

施工现场办公区、生活区、材料堆放区二级配电箱均应配置用电监测系统,其他区域的二级配电箱应根据现场情况配置用电监测系统。施工用电监测系统应对配电箱的安全运行状态进行信息化监控。监控信息应包括电缆温度、漏电流、环境温度等信息。施工用电监测系统应具备温度预警、剩余电流预警等功能。

10.5.2　监测设备性能要求

施工用电监测设备应满足如表 10-4 所示的性能要求。

表 10-4　施工用电监测设备的性能要求

设备名称		性能要求
监测传感器类型	监测主机	—
	漏电流监测传感器	剩余电流预警值范围:30～999 mA,通常设定值 150 mA
	电缆温度传感器	温度预警值:45～140 ℃,通常设定值为 70 ℃
	环境温度传感器	温度预警值:45～140 ℃,通常设定值为 70 ℃
数据传输模块		支持 4G、LAN 或 RS485 或 CAN 或 WiFi 等通讯协议
报警方式		声光报警
工作电源		AC/DC 85～270 V,功耗≤ 5 W

10.6　安全管理系统

10.6.1　基坑监测

(1)一般规定:基坑开挖工程应对基坑围护结构及周边重要建(构)筑物等进行自动化监测,快速掌握工程的运行状况和安全状况。

(2)功能要求:①系统应能通过无线传输,实现远程自动化监控,监控指标包括但不限于支护结构内力变化和混凝土内部裂缝变化情况、周围建筑物不均匀沉降变化情况、基坑顶层和深层水平位移变化情况、地下水位高度变化情况等。②系统应能全天候24 h 实时监测,确保数据的连续性。③当结构物出现异常时,系统应能自动进行预报警,通知相关管理人员,并提示后台及时对结构物当前状态进行安全评估。④系统应能存储、分析基坑沉降、位移、地下水位等数据,提供结构趋势分析,为施工提供可靠的数据支撑。

10.6.2　高支模监测

(1)一般规定:当工程项目存在高大模板支撑体系时,应采用高支模监测系统,对高大模板和支架体系进行监测,避免因支撑系统变化过大发生坍塌事故。

(2)功能要求:①高支模监测项目应包括但不限于模架倾斜程度、模架位移、模架变形情况、模架受压情况等。②当监测数据超过阈值时,系统应能发出声光报警,并通知相关管理人员。③系统应能存储、分析高支模变形数据,为施工提供可靠的数据支撑。

10.6.3　隧道安全监测

(1)一般规定:地下暗挖隧道工程应进行自动化监测,确保隧洞施工安全。

(2)功能要求:①暗挖隧道监测系统的监测目标应包括但不限于变形、沉降、有毒有害气体等,并支持无线传输,实现远程自动监控。②系统应能全天候 24 h 实时监测,确保数据的连续性。③当监测指标出现异常时,系统应能自动进行预报警并通知相关管理人员,并提示后台及时对结构当前状态进行安全评估。④系统应能存储分析监测指标数据,提供结构趋势分析,为施工提供可靠的数据支撑。

(3)其他要求:①隧道安全监测系统应对隧洞内施工人员进行实时定位和跟踪,通过在隧道洞内安装定位基站和人员头部佩戴定位芯片,实现人员位置信息的实时动态监控。②系统宜采用智能监测巡检设施,利用 AI 技术及时发现裂缝、渗水等特征并发出预警。

10.6.4　安全隐患随手拍

施工单位应基于手机端和 Web 端实现对施工现场安全隐患的治理,具体流程为:管理者(监理、业主)在巡查施工过程时,可通过手机实时上传安全隐患信息,通知给施工单位。施工单位得到问题反馈后,根据反馈进行整改,整改后上传整改信息。管理者可以对整改的问题进行复核。安全隐患整改任务闭合后,系统自动生成安全隐患整改报告。

10.7　智慧工地基础设施

10.7.1　拌和站远程监控

(1)一般规定:施工单位应在拌和楼控制室内安装数据采集设备,对拌和过程进行实时监控,确保生产质量。

(2)功能要求:①拌和站监测系统的主要监测目标应包括但不限于拌和时间、产量进度、水泥含量、骨料配比、级配曲线等。②系统应能动态展示拌和机生产每盘混凝土的构成材料用量,统计指定条件下每种材料当前使用的曲线图。③系统应能根据指定条件查询原材料在每盘混凝土中的用量趋势图和误差走势图。④系统应具备智能预警功能,对数据超标的情况及时通知管理人员。

10.7.2　水情监测

(1)一般规定:水库或河道施工应设置水情监测点(包括水位计、雨量计等),实时监测水位数据,在汛期施工时做到及时采取措施,减少人员和财产损失。

(2)功能要求:①系统应能监测水位数值、雨量数值并定时上报。②当水位数值达到预设标准(过高或者过低)时,系统应能进行预警,并将情况推送至相关管理人员。③系统应支持将数据传输至当地应急管理部门。

10.8 BIM＋GIS 应用

10.8.1 BIM 创建

（1）施工单位应根据工地现场实际情况建立和管理施工阶段建筑信息模型 BIM，BIM 细度不小于 300 级。

（2）施工过程中，施工单位应根据工程变更、现场实际情况等，持续更新施工模型，直至达到竣工模型交付要求。

10.8.2 BIM 优化及深化设计

施工单位应在施工图设计图纸基础上进行分专业的深化设计，使其符合施工工艺及现场实际情况，成为具有可实施性的施工图纸与模型。结合设计及规范要求，对设计合规性和符合性进行检查、复核，以便提前发现设计缺陷，减少返工，节省工期。BIM 优化及深化设计主要包括以下几个方面：

（1）现浇混凝土结构深化设计：在现浇混凝土结构的施工准备阶段，通过深化设计模型反映构件关系，避免专业冲突，模拟施工方案。施工单位可基于模型进行可视化施工交底、辅助备料，实现指导施工。对于复杂节点，施工单位可建立钢筋实体模型，对该节点进行模拟，检查节点的施工可行性。

（2）机电专业深化设计：施工单位可根据建筑、结构模型，结合施工现场实际情况，进行机电专业 BIM 创建及综合管线排布；通过 BIM 进行建筑净高分析，通过 BIM 导出机电管线综合布置图、专业施工图、安装详图、配合土建预留预埋图、支吊架定位图等。

（3）建筑装修深化设计：基于施工图设计 BIM，补充室内外装饰构件，形成室内外装饰，深化设 BIM，表达室内外装饰设计效果。

（4）其他深化设计：预制装配式混凝土结构深化设计中，施工单位应结合生产、运输及装配方案创建、深化设计 BIM，完成预制构件拆分、预制构件设计、节点设计等，输出平立面图、构件深化图、节点深化图、工程量清单等。

10.8.3 BIM 指导施工

涉及施工难度大、复杂，采用新技术、新材料的施工组织和施工工艺法的工程，施工单位应利用 BIM 技术进行施工组织模拟和施工工艺模拟。BIM 的应用如表 10-5 所示。

表 10-5　BIM 的应用

专业	项目	BIM 应用
土建	碰撞检查报告	为各专业提交碰撞检查报告,对所发现问题提供基本二维图纸和三维模型的定位
	混凝土工程量统计	分区域、分专业、分系统统计模型量
	变更报告	变更及洽商引起的工程量变化,以及与各个专业间综合协调检测的报告
	施工总体布置与规划模拟	建立地上土建施工阶段的道路、围墙、临时设施、施工机械、各类堆场等现场元素模型,模拟分析场地机械设备的关系,提供场地漫游动画
	基坑工程 BIM 应用	基于基坑数据及图纸,创建基坑 BIM,用于展示模型基坑开挖过程
	钢筋复杂节点施工指导	对复杂节点进行深化,并基于模型进行优化,交底展示
	施工方案对比分析	对重要方案采用 BIM 技术进行对比,展示施工方案,选择最优的施工方案
	土建工序工艺模拟	对重要节点采用 BIM 技术展示施工工艺流程,优化施工方案,保障施工顺利进行
	施工进度模拟	基于关联计划进度信息和实际进度信息 BIM,实时展现项目关键线路和关键节点计划进度信息、实际进度信息和偏差信息,结合关联的施工配置资源信息进行分析,对关键节点滞后风险进行预判、预警
机电	机电专业三维碰撞检查	基于根据施工 BIM 来进行多专业的图纸校审,在正式施工前消除图纸上存在的"错、漏、碰、缺"等问题
	预留预埋洞口分析	结合管线综合,复核土建预留预埋洞口设置,增设或排除多余,修改错误尺寸的预留预埋洞口,并进行准确的间距及标高定位。最终按规范出图,指导施工,确保落地实施,避免返工
	净高检测分析	依据各区域的净空要求,利用 BIM 软件对机电复杂区域进行净空分析,如车库、公共走廊、办公、设备机房等空间比较紧张区域进行设计标高重点检查;查看管线排布情况、空间净空,形成净空分析图并对问题进行可视化沟通处理
	桥架安装及电缆敷设	应用 BIM 技术对桥架安装及电缆进行敷设,在桥架容量许可、电缆通道特性允许的范围内,采用最短路径进行敷设
	三维管线综合	应用 BIM 技术对机电各系统的管线进行统一的空间排布,以解决各专业间碰撞问题、净高问题、检修空间问题,确保机电管线可以满足自身系统以及其他系统的整体要求
	机电专项工程量统计	用 BIM,统计主要机电工程量,用于下料、三算对比
	机电施工安装模拟	对重要节点采用 BIM 技术展示施工工艺流程,优化施工方案,保障施工顺利进行
	专项设备族创建	根据专项设备图纸创建设备族模型
	专项设备拼装模拟	根据专项设备的安装流程图进行拼装模拟
	设备模型信息录入	录入设备的工程信息、厂家、供应商

第 11 章　工作服、工作证、安全帽及其他安全防护用品标准化

11.1　工作服

整体要求:简洁、大方、得体,各参建方统一各自的标准。施工从业人员着橘黄色工作服(套装,可分夏装和冬装,夏装为短袖,冬装为长袖),同时还要外穿标有施工单位名称的黄色反光背心。

11.2　工作证

卡片材质:PVC 或根据实际情况选择。

卡片规格:85 mm×55 mm。

个人信息:方正书宋简体。

编号信息:方正黑体简体。

工作证字体:方正大黑简体。

11.3　安全帽及其他安全防护用品

11.3.1　安全帽

参建单位佩戴的安全帽必须符合《安全帽》(GB 2811—2007)等相关标准,并具有出厂检验合格证。项目法人、代建单位和勘察设计单位的安全帽为白色,监理单位的安全帽为红色,施工单位的安全帽为蓝色,施工人员的安全帽为黄色。

11.3.2　其他安全防护用品

根据工程特点合理配备如下物品:安全带(包括防坠器、半身式安全带、全身式安全带)、安全网、呼吸防尘用品(包括一次性口罩、3M 防尘口罩、防毒面罩)、防护鞋(包括绝

缘鞋、防砸鞋）、眼部防护用品（包括焊接面罩、防辐射眼镜、护目镜）、听力防护用品（耳罩、耳塞）、防护手套（包括线手套、防护手套、绝缘手套、焊工手套）、安全警示服装、消防柜以及消防器材、急救箱等。

第12章 工程质量评定与验收

12.1 重要隐蔽单元工程(关键部位单元工程)验收

重要隐蔽单元工程指主要建筑物的地基开挖、地下洞室开挖、地基防渗、加固处理和排水等隐蔽工程中,对工程安全或使用功能有严重影响的单元工程。关键部位单元工程指对工程安全、或效益、或使用功能有显著影响的单元工程,包括土建类工程、金属结构及启闭机安装工程中属于关键部位的单元工程。

依据项目划分,主要建筑物的地基开挖、地下洞室开挖、地基防渗、加固处理和排水等对工程安全或功能有严重影响的隐蔽单元工程(对工程安全、效益或功能有显著影响的单元工程)施工完成后,经施工单位自评合格,监理单位抽检后,由项目法人组织(或委托监理组织),监理、设计、施工、工程运行管理(施工阶段已有)等单位组成联合小组,共同检查核定其施工质量等级,并填写签证表报质量监督机构核备。

重要隐蔽单元工程(关键部位单元工程)质量核定签证表可参考《水利水电工程施工质量检验与评定规程》(SL 176—2007)附录 F 的相关规定。

12.2 单元工程验收

根据《建设工程质量管理规定》《水利工程质量管理规定》《水利工程施工监理规范》的相关规定,施工质量由承建该工程的施工单位负责,单元工程质量由施工单位质检部门组织评定,每完成一道工序或一个单元工程,都应经过自检,自检合格填写《水利水电工程施工质量评定表》,终检人员签字后报监理机构进行复核。上道工序或上一单元工程未经复核或复核不合格的,不得进行下道工序或下一单元工程施工。

12.2.1 单元工程

在分部工程中,由几个工序(或工种)施工完成的最小综合体是日常质量评定的基本单位。

12.2.2　单元工程验收

单元工程质量由施工单位质检部门组织评定,施工单位自检合格后按《水利水电工程单元工程施工质量验收评定表及填表说明》填写单元工程验收评定表,终检人员签字后由监理工程师复核评定。

12.2.3　工序施工质量验收评定

(1)工序施工质量验收评定应具备以下条件:①工序中所有的施工内容已完成,现场具备验收条件。②工序中所包含的施工质量检验项目经施工单位自检全部合格。

(2)工序施工质量验收评定的程序如下:①施工单位对已完成的工序进行自检,并填写检验记录。②施工单位自检合格后,填写工序施工质量验收评定表,质量责任人履行相应签认手续后,向监理单位申请复核。

(3)工序施工质量验收评定所需资料如下:①各班组的初检记录、施工队复检记录、施工单位专职质检员终检记录。②工序中各施工质量检验项目的检验资料。③施工单位自检完成后,填写的工序施工质量验收评定表。

12.2.4　单元工程施工质量验收评定

(1)单元工程施工质量验收评定应具备以下条件:①单元工程所含工序(或所有施工项目)已完成,并具备验收条件。②工序施工质量验收评定全部合格,有关质量缺陷已处理完毕或有监理单位批准的处理意见。

(2)单元工程施工质量验收评定的程序如下:①施工单位对已完成的单元工程施工质量进行自检,并填写检验记录。②施工单位自检合格后,填写单元工程施工质量验收评定表,向监理单位申请复核。③重要隐蔽单元工程和关键部位单元工程施工质量的验收评定由建设单位(或委托监理单位)主持,由建设、设计、地质勘探(若需要)、监理、施工等单位的代表组成联合验收小组,共同验收评定,并在验收前通知工程质量监督机构。单元工程施工质量验收评定具体可参考《水利水电工程施工质量检验与评定规程》(SL 176—2007)附录 F 的相关规定。

(3)单元工程施工质量验收评定所需资料如下:①单元工程中所含工序(或检验项目)验收评定的检验资料。②各项实体检验项目的检验记录资料。③施工单位自检完成后,填写的单元工程施工质量验收评定表。

12.2.5　水工金属结构单元工程施工质量验收评定

(1)单元工程安装质量验收评定应具备如下条件:①单元工程所有施工项目已完成并自检合格,施工现场具备验收条件。②有关质量缺陷已处理完毕或有监理单位批准的处理意见。具体可参考《水利水电工程单元工程施工质量验收评定规程——水工金属结构安装工程》(SL 635—2012)3.2.1 的相关规定。

(2)单元工程安装质量验收评定的程序如下:①施工单位对已完成的单元工程安装质量进行自检。②施工单位自检合格后,向监理单位申请复核。具体可参考《水利水电工程单元工程施工质量验收评定规程——水工金属结构安装工程》(SL 635—2012)3.2.2 的相关规定。

(3)单元工程安装质量验收评定内容如下:①施工单位的专职质检部门首先对已经完成的单元工程安装质量进行自检,并填写检验记录。②施工单位自检合格后,填写单元工程安装质量验收评定表及安装质量检查表,向监理单位申请复核。具体可参考《水利水电工程单元工程施工质量验收评定规程——水工金属结构安装工程》(SL 635—2012)3.2.3、附录 A 的相关规定。

(4)单元工程安装质量验收评定所需资料:施工单位申请验收评定时应提交①单元工程安装图样和安装记录。②单元工程试验与试运行记录。③施工单位专职质量检查员和检测员填写的单元工程安装质量验收评定表及安装质量检查表。具体可参考《水利水电工程单元工程施工质量验收评定规程——水工金属结构安装工程》(SL 635—2012)3.2.4 的相关规定。

12.2.6 水轮发电机组单元工程施工质量验收评定

(1)单元工程安装质量验收评定应具备如下条件:①单元工程所有施工项目已完成并自检合格,施工现场具备验收条件。②单元工程所有施工项目的有关质量缺陷已处理完毕或有监理单位批准的处理意见。具体可参考《水利水电工程单元工程施工质量验收评定规程——水轮发电机组安装工程》(SL 636—2012)3.2.1 的相关规定。

(2)单元工程安装质量验收评定的程序如下:①施工单位对已完成的单元工程安装质量进行自检。②施工单位自检合格后,向监理单位申请复核。具体可参考《水利水电工程单元工程施工质量验收评定规程——水轮发电机组安装工程》(SL 636—2012)3.2.2 的相关规定。

(3)单元工程安装质量验收评定内容如下:①施工单位的专职质检部门首先对已经完成的单元工程安装质量进行自检,并填写检验记录。②施工单位自检合格后,填写单元工程安装质量验收评定表及安装质量检查表,向监理单位申请复核。具体可参考《水利水电工程单元工程施工质量验收评定规程——水工金属结构安装工程》(SL 635—2012)3.2.3、附录 A 的相关规定。

(4)施工单位申请验收评定时应提交下列资料:①单元工程所含的全部检验项目检验记录资料。②各项调试、检验记录资料。③单元工程试运行的检验记录资料。④施工单位专职质量检查员和检测员填写检验结果的单元工程安装质量验收评定表及安装质量检查表。具体可参考《水利水电工程单元工程施工质量验收评定规程——水工金属结构安装工程》(SL 635—2012)3.2.4、附录 A 的相关规定。

12.3　分部工程验收

在一个建筑物内,能组合发挥一种功能的建筑安装工程称为组成单位工程的部分工程。对单位工程安全、功能或效益起决定性作用的分部工程称为主要分部工程。

分部工程施工质量由施工单位质检部门自评合格后,按照《水利水电工程施工质量检验与评定规程》(SL 176—2007)附录 G 的规定填写分部工程质量评定表,监理单位复核后交项目法人认定。分部工程验收后,由项目法人将验收质量结论报工程质量监督机构核备。大型枢纽主要建筑物的分部工程验收结论须报工程质量监督机构核定。

(1)分部工程验收应具备自检条件。分部工程验收应具备以下条件:①所有单元工程已完成。②已完单元工程施工质量经评定全部合格,有关质量缺陷已处理完毕或有监理机构批准的处理意见。③合同约定的其他条件。具体可参考《水利水电建设工程验收规程》(SL 223—2008)3.0.4 的相关规定。

(2)分部工程施工质量自评。分部工程施工质量由施工单位自评,监理单位复核,项目法人审查,验收质量结论形成分部工程施工质量评定表,由项目法人报工程质量监督机构核备。具体可参考《水利水电工程施工质量检验与评定规程》(SL 176—2007)表 G-1 的相关规定。

(3)提交分部工程验收申请报告。分部工程具备验收条件时,施工单位应向项目法人提交验收申请报告,准备工程建设和单元工程质量评定情况的汇报材料。具体可参考《水利水电建设工程验收规程》(SL 223—2008)3.0.6、《水利工程施工监理规范》(SL 288—2014)CB35 的相关规定。

(4)参建分部工程验收会议。各单位参加分部工程验收会议,讨论并通过分部工程验收鉴定书,具体可参考《水利水电建设工程验收规程》(SL 223—2008)3.0.6 的相关规定。

(5)验收备查档案资料清单,详见《水利水电建设工程验收规程》(SL 223—2008)附录 B 的相关规定。

12.4　单位工程验收

单位工程施工质量由施工单位质检部门自评合格后,按照《水利水电工程施工质量检验与评定规程》(SL 176—2007)附录 G 的规定填写单位工程质量评定表,监理单位复核,项目法人认定。单位工程的质量结论由项目法人报工程质量监督机构核定。

(1)单位工程验收应具备自检条件。单位工程验收应具备以下条件:①所有分部工程已完建并验收合格。②分部工程验收遗留问题已处理完毕并通过验收,未处理的遗留问题不影响单位工程质量评定并有处理意见。③合同约定的其他条件。具体可参考《水利水电建设工程验收规程》(SL 223—2008)4.0.5 的相关规定。

（2）单位工程施工质量评定。单位工程质量，在施工单位自评合格后，由监理单位复核，项目法人认定，工程质量监督机构核定等级。具体可参考《水利水电工程施工质量检验与评定规程》（SL 176—2007）表 G-2 的相关规定。

单位工程完工后，项目法人组织验收评定。由监理、设计、施工及工程运行管理等单位的代表组成工程外观质量评定组，对工程外观进行现场质量检验评定。具体可参考《水利水电工程施工质量检验与评定规程》（SL 176—2007）4.3.7、附录 A 的相关规定。

（3）提交单位工程验收申请报告。单位工程完工并具备验收条件时，施工单位应向项目法人提出验收申请报告，准备单位工程建设情况的汇报材料。具体可参考《水利水电建设工程验收规程》（SL 223—2008）4.0.7、《水利工程施工监理规范》（SL 288—2014）CB35 的相关规定。

（4）编写工程施工管理工作报告，详细要求参考《水利水电建设工程验收规程》（SL 223—2008）附录 O 的相关规定。

（5）参建单位工程验收会议。各单位参加单位工程验收会议，讨论并通过单位工程验收鉴定书，具体可参考《水利水电建设工程验收规程》（SL 223—2008）4.0.7 的相关规定。

（6）验收备查档案资料清单，详见《水利水电建设工程验收规程》（SL 223—2008）附录 B。

12.5　合同工程完工验收

合同工程具备验收条件时，施工单位应按《水利工程施工监理规范》（SL 288—2014）的相关规定填写验收申请报告，向项目法人提出验收申请。合同工程完工验收应由项目法人主持，验收工作组由项目法人以及与合同工程有关的勘测、设计、监理、施工、主要设备制造（供应）商等单位的代表组成。

（1）提交合同工程完工验收申请报告。合同工程具备验收条件时，施工单位应向项目法人提出验收申请报告。具体可参考《水利工程施工监理规范》（SL 288—2014）CB35 的相关规定。

（2）编写工程施工管理工作报告，详细要求参考《水利水电建设工程验收规程》（SL 223—2008）附录 O 的相关规定。

（3）参加合同工程完工验收会议。各单位参加合同工程完工验收会议，讨论并通过合同工程完工验收鉴定书，具体可参考《水利水电建设工程验收规程》（SL 223—2008）5.0.5 的相关规定。

（4）验收备查档案资料清单，详见《水利水电建设工程验收规程》（SL 223—2008）附录 B 的相关规定。

12.6　阶段验收

（1）依据《水利工程建设项目验收管理规定》，工程建设进入枢纽工程导（截）流、水库下闸蓄水、引（调）排水工程通水、首（末）台机组启动等关键阶段后，验收主持单位应当组织进行阶段验收。验收主持单位根据工程建设的实际需要，可以增设阶段验收的环节。大型水利工程在进行阶段验收前，验收主持单位可以根据需要进行技术预验收。

（2）阶段验收的验收委员会由验收主持单位、该项目的质量监督机构和安全监督机构、运行管理单位等单位的代表以及有关专家组成；必要时，验收主持单位应当邀请项目所在地的地方政府部门以及其他有关部门参加。

（3）工程参建单位是被验收单位，应当派代表参加阶段验收工作。

（4）阶段验收鉴定书是竣工验收的备查资料。

12.7　专项验收

（1）依据《水利工程建设项目验收管理规定》，枢纽工程导（截）流、水库下闸蓄水等阶段验收前，涉及移民安置的，验收主持单位应当完成相应的移民安置专项验收。

（2）工程竣工验收前，验收主持单位应当按照国家有关规定，进行环境保护、水土保持、移民安置以及工程档案等专项验收。经有关部门同意，专项验收可以与竣工验收一并进行。

（3）专项验收成果文件是阶段验收或者竣工验收成果文件的组成部分。

12.8　竣工验收

（1）依据《水利工程建设项目验收管理规定》，竣工验收应当在工程建设项目全部完成并满足一定运行条件后 1 年内进行。不能按期进行竣工验收的，经竣工验收主持单位同意，可以适当延长期限，但最长不得超过六个月。逾期仍不能进行竣工验收的，项目法人应当向竣工验收主持单位作出专题报告。

（2）竣工验收原则上按照经批准的初步设计所确定的标准和内容进行。建设周期长或者因故无法继续实施的项目，对已完成的部分工程可以按单项工程或者分期进行竣工验收。

（3）竣工验收分为竣工技术预验收和竣工验收两个阶段。大型水利工程在竣工技术预验收前，项目法人应当按照有关规定对工程建设情况进行竣工验收技术鉴定。中型水利工程在竣工技术预验收前，竣工验收主持单位可以根据需要决定是否进行竣工验收技术鉴定。竣工技术预验收由竣工验收主持单位以及有关专家组成的技术预验收专家组负责。

（4）工程参建单位的代表应当参加技术预验收，汇报并解答有关问题。项目法人全面负责竣工验收前的各项准备工作,设计、施工、监理等工程参建单位应当做好有关验收准备和配合工作,派代表出席竣工验收会议,负责解答验收委员会提出的问题,并作为被验收单位在竣工验收鉴定书上签字。

(5)竣工验收鉴定书是项目法人完成工程建设任务的凭据。

12.9　工程验收遗留问题处理

(1)分部工程验收遗留问题处理中应由施工单位负责处理的验收遗留问题,在单位工程验收前处理完毕并通过验收,或编制验收遗留问题处理方案并经项目法人认可。未处理的遗留问题不能影响单位工程质量评定并有处理意见。分部工程验收处理情况书面记录由遗留问题处理验收单位签字确认后,随分部工程验收鉴定书一并归档。

(2)单位工程验收遗留问题处理中应由施工单位负责处理的验收遗留问题,在合同工程完工验收前处理完毕并通过验收,或编制验收遗留问题处理方案并经项目法人认可。未处理的遗留问题不能影响合同工程质量评定并有处理意见。单位工程验收处理情况书面记录由遗留问题处理验收单位签字确认后,随单位工程验收鉴定书一并归档。

(3)合同工程完工验收遗留问题处理中由施工单位负责处理的验收遗留问题应及时完成处理工作并组织验收,形成成果性文件,验收成果性文件应对验收遗留问题有明确的记载。影响工程正常运行的,不得作为验收遗留问题处理,具体可参考《水利水电建设工程验收规程》(SL 223—2008)3.0.10、9.3 的相关规定。

(4)有关验收成果性文件应对验收遗留问题有明确的记载。影响工程正常运行的,不得作为验收遗留问题处理。

(5)验收遗留问题的处理由项目法人负责。项目法人应按照竣工验收鉴定书、合同约定等要求,督促有关责任单位完成处理工作。

(6)验收遗留问题处理完成后,有关单位应组织验收,并形成验收成果性文件。项目法人应参加验收,并负责将验收成果性文件报竣工验收主持单位。

12.10　工程移交

(1)工程通过投入使用验收后,项目法人应及时将工程移交运行管理单位管理,并与其签订工程提前启用协议。在竣工验收鉴定书印发后 60 个工作日内,项目法人与运行管理单位应完成工程移交手续。

(2)工程移交应包括工程实体、其他固定资产和工程档案资料等,应按照初步设计等有关批准文件进行逐项清点,并办理移交手续。办理工程移交时,移交过程应有完整的文字记录和双方法定代表人签字。

(3)工程移交后,项目法人以及其他参建单位应当按照法律法规的规定和合同约定,承担后续的相关质量责任。项目法人已经撤销的,由撤销该项目法人的部门承接相关的责任。

第 13 章　试验与检测

13.1　质量检测机构委托

水利工程质量检测是水利工程质量检测单位依据国家有关法律、法规和标准,对水利工程实体以及用于水利工程的原材料、中间产品、金属结构和机电设备等进行的检查、测量、试验或者度量,并将结果与有关标准、要求进行比较以确定工程质量是否合格所进行的活动。

项目法人委托的第三方质量检测单位依据相关规定编制《水利工程建设项目质量检测方案》,报项目法人(或代建单位)对其进行核准,核准后报质量监督机构备案。项目法人(代建单位)核准检测方案时应重点审核以下内容:

①开展质量检测活动所依据的技术标准。

②关于质量检测所适用的强制性标准要求。

③质量检测项目及数量。

④关键项目和重要项目的检测方式方法。

⑤检测人员、检测设备仪器、试验室条件。

⑥检测成果的提交时间、方式等。

检测单位资质分为岩土工程、混凝土工程、金属结构、机械电气和量测共五个类别,每个类别分为甲级、乙级两个等级。

《水利工程质量检测管理规定》指出,承担工程检测业务的检测单位应具有水行政主管部门颁发的资质证书,其设备和人员的配备应与所承担的任务相适应,有健全的管理制度;从事水利工程质量检测的专业技术人员(以下简称"检测人员")应当具备相应的质量检测知识和能力,并按照国家职业资格管理的规定取得从业资格。

项目法人应当根据经质量监督机构备案登记的委托检测计划委托检测单位。检测单位应按照工程进度计划,制订检测实施方案,并报项目法人审核同意。检测单位与工程建设的项目法人、设计、监理、施工、设备制造(供应)等单位隶属同一经营实体或者有利益关系的,项目法人不得委托其对项目进行检测。

项目法人应根据检测实施方案和工程建设进度,及时通知检测单位到场检测,避免漏检。检测单位应主动了解工程建设进度,按照检测实施方案,合理配置人力、设备资源,及时开展检测工作。

监理、施工单位应当根据工程建设规模和建设内容委托具有相应资质的检测单位进行检测。取得甲级资质的检测单位可以承担各等级水利工程的质量检测业务。大型水利工程(含一级堤防)主要建筑物以及水利工程质量与安全事故鉴定的质量检测业务必须由具有甲级资质的检测单位承担。取得乙级资质的检测单位可以承担除大型水利工程(含一级堤防)主要建筑物以外的其他各等级水利工程的质量检测业务。

检测单位应当按照合同和有关标准及时、准确地向委托方提交质量检测报告并对质量检测报告负责。委托单位不应明示或者暗示检测单位出具虚假质量检测报告,不得篡改或者伪造质量检测报告。检测单位应当遵守下列规定:

①建立健全质量保证体系,采用先进、实用的检测设备和工艺,完善检测手段,提高检测人员的技术水平,确保质量检测工作的科学、准确和公正。

②不得转包质量检测业务。未经委托方同意,不得分包质量检测业务。

③按照国家和行业标准开展质量检测活动。没有国家和行业标准的,由检测单位提出方案,经委托方确认后实施。

④按照合同和有关标准及时、准确地向委托方提交质量检测报告并对质量检测报告负责。

13.2 原材料、中间产品进场检验

施工单位应按《水利水电工程单元工程施工质量验收评定标准》(SL 631～639—2012)及有关技术标准对水泥、钢材等原材料和中间产品质量进行检验,并报监理单位审查。对发包方提供的材料、半成品、构配件等也必须按规定进行检验和验收。

未经检验和已经检验为不合格的原材料、中间产品等必须按规定进行检验和验收。原材料、中间产品一次抽样检验不合格时,应及时对同一取样批次另取两倍数量进行检验,如仍不合格,则该批次原材料或中间产品即认定为不合格,不得使用。

对于发现的不合格原材料或中间产品,施工单位应按规定进行鉴别、标识、记录和处置。

13.3 见证取样检测

对涉及工程结构安全的试块、试件及有关材料实行见证取样。见证取样资料由施工单位制备,其记录应真实齐全,参与见证取样的人员应在相关文件上签字。

材料进场后,现场试验负责人提前12 h通知驻地监理,约定具体的取样时间,由驻地监理见证,现场试验人员和材料厂家共同取样,取样后应当天送至有检测资格的单位承

检。砂浆和混凝土试块应在养护期满 28 天时送检。

进场主要材料由承包人统一办理委托试验手续。委托试验时应提供相应材料的合格证、质量检验报告的复印件两份并加盖材质证明专用章,写明本次材料数量,试验室留一份,注明该材料编号,做好签收登记簿。

13.3.1　检测频次

工程质量检验项目和数量应符合《单元工程评定标准》规定。

(1)细骨料:细骨料取样部位应均匀分部,在料堆上从 8 个不同部位抽取等量试样(每份 11 kg),用四分法缩分 20 kg,取样前先将取样部位表面铲除。细骨料应按同料源每 600~1200 t 为一批,检测细度模数、石粉含量(人工砂)、泥粉含量、亚甲蓝值(人工砂)、含泥量(天然砂)、泥块含量和表面含水率等。

(2)粗骨料:粗骨料一组试样 40 kg(最大粒径为 10 mm、16 mm、20 mm)或 80 kg(最大粒径为 31.5 mm、40 mm),取样部位应均匀分布,在料堆上从一个不同部位抽取等量 15 份(料堆的顶部、中部、底部)试样,每份 5~40 kg,然后缩至 40 kg 或 80 kg 所需样品数量。粗骨料应按同料源、同规格碎石每 2000 t 为一批,卵石应按同源料每 1000 t 为一批,检测超径、针片状、含泥量、泥块含量。

(3)水泥:凡使用部位涉及主体结构安全的水泥应对其强度、安定性及其他必要的性能进行复验;凡使用部位涉及重要使用功能及装饰装修工程的水泥应对其凝结时间和安定性进行检验。当在使用中对水泥质量有怀疑或水泥出厂超过 3 个月(快硬硅酸盐水泥超过一个月)时,施工单位应进行复验,并按复验结果使用。

进场的每一批水泥都应有生产厂的出合格证和品质试验报告,每 200~400 t 同厂家、同品种、同强度等级的水泥为一个取样单位,不足 200 t 也作为一个取样单位,进行验收检验。水泥品质的检验应按现行的国家标准进行。

(4)外加剂:外加剂验收检验的取样单位按掺量划分,掺量不小于 1% 的外加剂以不超过 100 t 为一个取样单位,掺量小于 1% 的外加剂以不超过 50 t 为一个取样单位,掺量小于 5% 的外加剂以不超 2 t 为一个取样单位。不足一个取样单位的应按一个取样单位计。

(5)块石:根据料源情况检测 1~3 组,但每种材料至少检测 1 组。

13.3.2　混凝土试件

混凝土、砂浆试件以机口随机取样为主,每组(三个试件)混凝土、砂浆试件应在同一储料斗或运输车厢内取料制作,浇筑地点取一定数量的试件进行比较。

同强度等级混凝土、砂浆试件取样数量应遵守下列规定:

(1)抗压强度:大体积混凝土 28 天龄期每 500 m³ 成型 1 组,设计龄期每 1000 m³ 成型 1 组;结构混凝土 28 天龄期每 100 m³ 成型 1 组,设计龄期每 200 m³ 成型 1 组。每一浇筑块混凝土方量不足以上规定的,也应取样成型1组试件。

(2)抗拉强度:28天龄期每2000 m³成型1组,设计龄期每3000 m³成型1组。

(3)抗冻、抗渗或其他特殊指标应适当取样,其数量可按每季度施工的主要部位取样成型1～2组。

(4)每200 m³砌体同一强度等级的砂浆,取样不得少于1组;少于200 m³时,也不得少于1组。

(5)混凝土试件的成型与养护应遵守下列规定:

抗压试模:150 mm×150 mm×150 mm的立方体试模为标准试模。

抗渗试模:上口直径175 mm、下口直径185 mm、高150 mm的截头圆锥体。

抗冻试模:100 mm×100 mm×400 mm的棱柱体。

振动台:频率为50 Hz±3 Hz,空载时台面中心振幅为0.5 mm±0.1 mm。

捣棒:直径为16 mm,长为650 mm,一端为弹头型的金属棒。

养护室:标准养护室温度应控制在20 ℃±2 ℃;相对湿度在95%以上。养护室应为雾室,试件表面成潮湿状态,不被水直接淋刷。断电5 h室内温度变化不超2 ℃。在没有标准养护室时,试件可在20 ℃±2 ℃的饱和石灰水中养护,但需在报告中说明。

(6)混凝土抗压强度试件的检测结果未满足以上合格标准要求或对混凝土试件强度的代表性有怀疑时,可从结构物中钻取混凝土芯样试件,或采用无损检验方法,按有关标准规定对结构物的强度进行检测;如仍不符合要求,应对已建成的结构物,按实际条件验算结构的安全度,采取必要的补救措施或其他处理措施。

(7)已建成的结构物应进行钻孔取芯和压水试验。大体积混凝土取芯和压水试验可按每万立方米混凝土钻孔2～10 m,具体钻孔取样部位、检测项目与压水试验的部位、吸水率的评定标准应根据工程施工的具体情况确定。钢筋混凝土结构物应以无损检测为主,必要时采取钻孔法检测混凝土。

13.3.3 钢筋

钢筋、钢筋焊接件、预应力筋进场时,施工单位应按规定抽取试件作力学性能检验(屈服强度、抗拉强度、断后伸长率、弯曲性能试验、最大力总伸长率),钢结构用钢材另行规定。

钢筋使用前应做拉力、冷弯试验,需要焊接的钢筋还应做焊接工艺试验。

钢筋应分批试验。以同一炉(批)号、同一截面尺寸的钢筋为一批,每批重量不大于60 t。超过60 t的部分,每增加40 t(或不足40 t的余数),增加一个拉伸试验试样和一个弯曲试验试样。热轧光圆钢筋及热轧带肋钢筋从每批中任选两根切取(距端部500 mm),每根截取拉伸和弯曲试样各2根。碳素结构钢从每批中任选1根切取(距端部500 mm),拉伸和弯曲试样各一根。

闪光对焊接头应分批进行外观检查和力学性能检验,并应按下列规定作为一个检验批：

(1)闪光对焊接头：在同一台班内，由同一焊工完成的 300 个同牌号、同直径钢筋焊接接头应作为一批。当同一台班内焊接的接头数量较少时，可在一周之内累计计算；累计仍不足 300 个接头时，应按一批计算。力学性能检验时，应从每批接头中随机切取 6 个接头，其中 3 个做拉伸试验，3 个做弯曲试验。

(2)电弧焊接头：在现浇混凝土结构中，应以 300 个同牌号钢筋、同型式接头为一批；在房屋结构中，应从不超过两楼层中 300 个同牌号钢筋、同型式接头为一批。每一批随机切取 3 个接头做拉伸试验。

(3)电渣压力焊接头：在现浇钢筋混凝土结构中，应以 300 个同牌号钢筋接头为一批；在房屋结构中，应以不超过两楼层中 300 个同牌号钢筋接头为一批；当不足 300 个接头时，仍应作为一批。每一批随机切取 3 个接头做拉伸试验。

(4)气压焊接头：在现浇钢筋混凝土结构中，应以 300 个同牌号钢筋接头为一批；在房屋结构中，应以不超过两楼层中 300 个同牌号钢筋接头为一批；当不足 300 个接头时，仍应作为一批。

在柱、墙的竖向钢筋连接中，应从每一批接头中随机切取 3 个接头做拉伸试验；在梁、板的水平钢筋连接中，每一批另切取 3 个接头做弯曲试验。

(5)机械接头：对于每种类型、级别、规格、材料、工艺的钢筋机械连接接头，型式检验试件不应少于 12 个，其中钢筋母材拉伸强度试件不应少于 3 个，单向拉伸试件不应少于 3 个，高应力反复拉压试件不应少于 3 个，大变形反复拉压试件不应少于 3 个。

13.3.4 土料和沙砾(卵)料回填

在施工过程中，如设计无控制干密度时，应于实施回填前将用于回填的土样(50 kg)送至检测中心做击实试验；每层回填施工后应根据压实取样数量的要求做压实度检测，经检测合格后方可进行下一层的夯实。取样数量为每种土质至少取样 1 次。

土料和沙砾(卵)料每层回填施工后应根据压实取样数量的要求做压实度检测，经检测合格后方可进行下一层的夯实。

土料或沙砾(卵)料回填压实度检测应遵守下列规定：

(1)建筑物附近每层在 50 m² 范围内应有 1 个压实度检测点，不足 50 m² 至少应有 1 个检测点。

(2)新筑及加高每 15~50 cm(根据压实机具种类)为一层，填筑量每 100~200 m³ 取样 1 个，取样不足 3 个时，也应取样 3 个。

(3)吹填施工每 200~400 m³ 取样 1 个。

(4)建筑物地基填土处理检测组数：大基坑每 50~100 m² 面积内不应少于一个点；基槽每 10~20 m 不应少于 1 个点；每个独立柱基不应少于 1 个点。

(5)土方路基检测：每 200 m、每压实层测 4 处。

13.3.5 土工合成材料

(1)复合土工膜和土工布：每 10 000 m²，按不同规格、厚度各测一组，不足 10 000 m² 的也应测一组。每批复合土工膜和土工布中取 2‰～3‰，但不少于 2 卷，必须取足够试样才能进行检测。

(2)闭孔泡沫板：同一规格的产品数量不超过 2000 m 为一批，不足 2000 m 也应测一组。取样时根据出厂合格证和出厂检验报告随机抽取，试件大小约为 2 m²。

(3)止水材料：止水材料包括橡胶止水带、橡胶压板、铜及不锈钢止水带等，取样数量为 1 m/批次。

13.4 工艺性试验

13.4.1 土石方碾压试验

土石方填筑料在铺填前，应进行碾压试验，以确定碾压方式和碾压质量控制参数。

(1)碾压试验的目的：

①检验土料与砂砾(卵)料压实后是否能够达到设计压实度值。

②检查压实机具的性能是否满足施工要求。

③选定合理的施工压实参数，即铺料厚度、土块限制直径、含水量的适宜范围、压实方法和压实遍数。

④确定有关质量控制的技术要求和检测方法。

(2)碾压试验应符合下列基本要求：

①试验应在填筑施工开工前完成。

②试验所用的土料与砂砾(卵)料应具有代表性并符合设计要求。

③试验时采用的机具应与施工时使用机具的类型、型号相同。

(3)碾压试验场地布置：

①碾压试验允许在堤基范围内进行，试验前应将堤基平整清理，并将表层压实至不低于填土设计要求的密实程度。

②碾压试验的场地面积应不小 20 m×30 m。

③将试验场地以长边为轴线方向，划分为 10 m×15 m 的 4 个试验小块。

(4)碾压试验方法及质量检测项目：

①在场地中线一侧的相连两个试验小块中铺设土质、天然含水量、厚度均相同的土料；对于中线另外一侧的两个试验小块，其土质和土厚均相同，含水量较天然含水量分别增加或减少某一幅度。

②铺料厚度和土块限制直径按《堤防工程施工规范》(SL 260—2014)中的规定选取。

③每个试验小块按预定的计划、规定的操作要求，碾压数遍后，在填筑面上取样做密

度试验。

④每个试验小块的每次取样数应达 12 个,用以测定干密度值。

⑤测定压实后的土层厚度,并观察压实土层底部有无虚土层、上下层面结合是否良好、有无光面及剪力破坏现象等,并作记录。

⑥压实机具种类不同,碾压试验应至少各做一次。

⑦若需对某参数做多种调控试验时,应适当增加试验次数。

⑧碾压试验的抽样合格率宜比规范规定的合格率标准提高三个百分点。

⑨砂砾卵料碾压试验参照土料碾压试验方法进行,试验完成后应及时将试验资料进行整理分析,绘制压实度与压实遍数的关系曲线等。

13.4.2　钢管焊接和管道水压试验

对首次采用的钢材、焊接材料、焊接方法或焊接工艺,施工单位必须在施焊前按设计要求和有关规定进行焊接试验,并应根据试验结果编制焊接工艺指导书。

管道耐水压试验和渗水量试验应在管道安装完毕并填土定位后进行,管道顶部回填土宜留出接口位置以便检查渗漏处。

(1)管道水压试验前,施工单位应编制试验方案,其内容应包括:

①后背及堵板的设计。

②进水管路、排气孔及排水孔的设计。

③加压设备、压力计的选择及安装的设计。

④排水疏导措施。

⑤升压分级的划分及观测制度的规定。

⑥试验管段的稳定措施和安全措施。

(2)试验管段的后背应符合下列规定:

①后背应设在原状土或人工后背上,土质松软时应采取加固措施。

②后背墙面应平整并与管道轴线垂直。

(3)水压试验前准备工作应符合下列规定:

①试验管段所有敞口应封闭,不得有渗漏水现象。

②试验管段不得用闸阀做堵板,不得含有消火栓、水锤消除器、安全阀等附件。

③水压试验前应清除管道内的杂物。

(4)水压试验应符合下列规定:

①压力管道水压试验的试验压力应满足表 13-1 中的试验压力。

表 13-1 压力管道水压试验的试验压力

管材种类	工作压力 P/MPa	试验压力/MPa
钢管	P	$P+0.5$,且不小于 0.9
球墨铸铁管	$\leqslant 0.5$	$2P$
	>0.5	$P+0.5$
预(自)应力混凝土管、预应力钢筒混凝土管	$\leqslant 0.6$	$1.5P$
	>0.6	$P+0.3$
现浇钢筋混凝土管	$\geqslant 0.1$	$1.5P$
化学建材管	$\geqslant 0.1$	$1.5P$,且不小于 0.8

②预试验阶段:将管道内水压缓缓地升至试验压力并稳压 30 min。稳压期间,若压力下降可注水补压,但不得高于试验压力。试验前检查管道接口、配件等处有无漏水、损坏现象,有漏水、损坏现象时应及时停止试压,查明原因并采取相应措施后重新试压。

③主试验阶段:停止注水补压,稳定 15 min;当 15 min 后压力下降不超过表 13-2 中所列允许压力降时,将试验压力降至工作压力并保持恒压 30 min,进行外观检查。若无漏水现象,则水压试验合格。

压力管道水压试验的允许压力降如表 13-2 所示。

表 13-2 压力管道水压试验的允许压力降

管材种类	试验压力 P/MPa	允许压力降/MPa
钢管	$P+0.5$,且不小于 0.9	0
球墨铸铁管	$2P$	
预(自)应力混凝土管、预应力钢筒混凝土管	$P+0.5$	0.03
	$1.5P$	
现浇钢筋混凝土管	$P+0.3$	$1.5P$
化学建材管	$1.5P$,且不小于 0.8	0.02

④管道升压时,管道的气体应排除;升压过程中,发现弹簧压力计表针摆动、不稳,且升压较慢时,应重新排气后再升压。

⑤管道升压应分级升压,每升一级都应检查后背、支墩、管身及接口是否异常,无异常现象时再继续升压。

⑥水压试验过程中,后背顶撑、管道两端严禁站人。

⑦水压试验时,严禁修补缺陷。遇有缺陷时,应作出标记,卸压后修补。

13.4.3 灌浆试验和压水试验

下列工程应进行现场灌浆试验:

（1）1 级、2 级水工建筑物基岩帷幕灌浆、覆盖层灌浆。

（2）地质条件复杂或有特殊要求的 1 级、2 级水工建筑物基岩固结灌浆或地下洞室围岩固结灌浆。

（3）其他认为有必要进行现场试验的灌浆工程：

①采用自上而下分段灌浆、孔口封闭灌浆法进行帷幕灌浆时，各灌浆段在灌浆前宜进行简易压水试验，简易压水试验可与裂隙冲洗结合进行。

②采用自下而上分段灌浆法时，灌浆前可进行全孔一段简易压水试验和孔底段简易压水试验。

③固结灌浆可在各序孔中选取不少于 5％的灌浆孔（段），在灌浆前进行简易压水试验。简易压水试验可与裂隙冲洗结合进行。

④压水试验的方法：灌浆工程先导孔和检查孔一般使用一级压力的单点法压水试验，灌浆孔灌浆前可进行简易压水试验。现场灌浆试验可采用三级压力五个阶段的五点法压水试验。

13.4.4　钢筋焊接试验

在钢筋工程焊接开始之前，参与该项工程施焊的焊工必须进行现场条件下的焊接工艺试验，经试验合格后，方能焊接生产。

13.4.5　混凝土配合比

混凝土配合比设计应根据工程要求、结构型式、设计指标、施工条件和原材料状况，通过试验确定各组成材料的用量。混凝土施工配合比选择应经综合分析比较，合理降低水泥用量，室内试验确定的配合比还应根据现场情况进行必要的调整。混凝土配比应经批准后使用。

配合比原材取样和送样要求如下：

（1）在设计图纸中找出混凝土的强度等级和使用部位，一个设计强度至少试配一次。当组成材料有变更时或者不同构件部位必须另外送检试配时，将混凝土的原材料试样准备两份，一份做原材自身质量检测，一份做配合比，原材料取样要求应足国家标准。

（2）送检时应向检测机构提供原材料产地（生产厂家）、规格、混凝土拟使用部位等资料。

13.4.6　碾压混凝土碾压试验

碾压混凝土施工前应通过现场碾压试验论证碾压混凝土配合比的适应性，并确定其施工工艺参数。

13.5 检验不合格项处理

工程中出现检验不合格的项目时,应按以下规定进行处理:

(1)单元(工序)工程质量不合格时,应按合同要求进行处理或返工重作,并经重新检验且合格后方可进行后续工程施工。

(2)混凝土(砂浆)试件抽样检验不合格时,应委托具有相应资质等级的质量检测单位对相应工程部位进行检验。如仍不合格,应由项目法人组织有关单位进行研究,并提出处理意见。

(3)工程完工后的质量抽检不合格,或存在其他检验不合格的工程,应按有关规定进行处理,合格后才能进行验收或后续工程施工。

(4)当经验收不合格的工程材料、构配件和设备,施工单位应采取记录、标识、隔离的措施,防止其被误用的可能,并应按规定的程序进行处理,并记录处理结果。

第 14 章　档案管理

14.1　档案资料管理

(1)项目法人负责对工程档案进行管理,应成立档案管理部门。档案管理部门的主要职责为:

①贯彻执行有关法律、法规和方针政策,建立健全本单位的档案工作规章制度并组织实施,推行档案工作标准化、规范化、现代化管理。

②指导所属机构档案工作及本单位文书部门、业务部门文件材料的形成、积累、整理、立卷和归档工作。

③督促、检查、指导各单项工程建设档案资料的整理、立卷工作,会同工程技术人员对文件材料的归档情况进行定期检查,并审核验收应归档的案卷。

④集中统一管理所属工程建设的全部档案资料,编制检索工具,做好档案的接收、移交、保管、统计、鉴定、利用等工作,为工程建设管理提供服务。

⑤工程现场的建管机构是该工程项目档案管理的责任主体,必须建立健全档案管理机构,确定分管档案工作的负责人,设立档案室,落实档案专(兼)职人员。工程建设各相关部门应积极配合档案管理部门,共同做好本单位的工程档案工作。建管机构的职责如下:负责组织所承担单项工程各设计单元工程建设档案资料的整理、立卷工作,对档案资料整理质量及归档情况进行定期检查,并审核验收应归档案卷;负责按国家有关法律法规和规定,督促、检查、指导工程参建单位的档案管理工作;以设计单元工程为单位,完成档案工程的整编并组织进行档案自验工作,配合国家有关部门进行档案专项验收;档案专项验收通过后,与项目法人档案管理部门办理档案移交手续。

(2)工程各参建单位对工程档案工作承担直接责任。工程项目负责人要分管档案工作,落实专(兼)职档案人员,负责所承担的项目建设全过程的全部档案资料管理工作。

(3)监理单位(含监造单位)应对工程建设中形成的监理文件材料进行收集、整理、立卷和归档;督促、检查、指导项目施工单位档案资料的整理工作,及时签署审核与鉴定意见;审查、汇总有关监理、施工档案资料,审查合格后移交工程现场建管机构。

(4)施工单位(含设备、材料供应单位)负责所承担工程文件材料的收集、整理、立卷和归档工作。施工单位要加强归档前档案资料的管理工作,严格登记,妥善保管,定期检查档案资料的整理情况,具备条件后,及时提交监理单位审核鉴定。

(5)勘测设计单位负责按设计单元工程分设计阶段,对应归档的勘测设计材料原件进行收集、整理和立卷,合格后直接移交项目法人。

(6)工程档案管理实行以单位工程文件形成立卷制度。参建单位在工程建设管理中所形成的全部档案资料,均应收集、整理、立卷和归档,移交项目法人档案管理部门集中管理,任何单位或个人不得据为已有或拒绝归档。

(7)工程档案工作与工程建设实行"三同步,一超前"管理,即在工程建设项目论证时,要同步开始进行文件材料的收集、积累和整理工作;签订勘测、设计、施工、监理等协议(合同)文书时,要同时明确提出对工程档案(包括竣工图)的质量、份数、审核和移交工作的要求和违约责任;检查工程进度与施工质量时,要同时检查档案材料的质量与管理情况;进行工程中间验收(包括单位工程与项目合同验收)时,必须首先验收应归档文件材料的完整程度与整理质量,并及时将工程各阶段验收材料整理归档。

(8)施工单位档案人员要参加设备开箱工作,特别要做好引进技术、设备资料和图纸的收集、登记、整理与归档工作,确保有关文件材料的齐全、完整。

(9)为了加强档案利用与管理,档案管理部门要提供完善的利用手段与措施,编制各种检索工具。密级档案(含秘密、机密、绝密)必须按国家保密法规管理,做好保密工作。已超过保管期限的工程档案应按水利部《水利工程建设项目档案管理规定》进行鉴定、销毁。

(10)各参建单位现场机构应配置适宜安全保存档案资料的专用库房及装具,并配备适应档案现代化管理的技术设备。

14.2　工程档案资料归档范围、整理、汇总

(1)档案资料必须完整、准确、系统,分类清楚,组卷合理。所有归档材料要做到数据真实一致,字迹清楚,图面整洁,签字手续完备;案卷线装(去掉金属物),结实美观;图片、照片等要附以有关情况说明;卷皮、卷内目录、备考表以及档盒脊背内容一律用计算机发排;文件材料的载体和书写材料应符合耐久性要求。

案卷应符合《科学技术档案案卷构成的一般要求》(GB/T 11822—2000)及《国家重大建设项目文件归档要求与档案整理规范》(DA/T 28—2002)的要求。

工程文件材料的归档范围与保管期限执行水利工程建设项目文件归档范围和档案保管期的相关规定。

归档图纸按《技术制图复制图的折叠方法》(GB/T 10609.3—1989)的要求统一折叠。

(2)竣工图是工程档案的重要组成部分,必须做到准确、清楚,能真实反映工程竣工时的实际情况。施工单位一定要在施工过程中,认真做好施工记录、检测记录、交接验收

记录和签证,及时编制好竣工图及变更文件。图纸修改方式要规范,更改内容要在相关图纸上和相关部位上修改到位,并注明修改依据;变更依据性文件上应注明被修改的图号。竣工图标题栏已标明竣工图的可不加盖竣工图章,但应加盖监理方竣工图审核章。由施工图编制为竣工图的,编制单位需加盖竣工图章,竣工图章式样如图 14-1 所示。施工图变更较多,修改幅面超过 20% 的应重新绘制竣工图。竣工图要严格履行审核签字手续,监理单位要审核把关,相关负责人要逐张签名并填写日期。每套竣工图应附编制说明、鉴定意见和目录,监理审核章式样如图 14-2 所示。

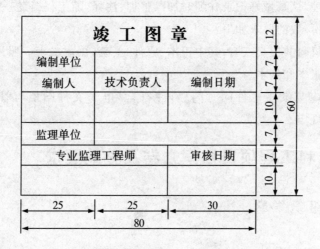

图 14-1 竣工图章式样(单位:mm)

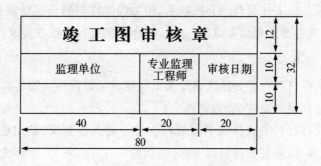

图 14-2 监理审核章式样(单位:mm)

(注:此章加盖在竣工图标题栏上方)

竣工图的编制形式和深度可按以下情况区别对待:

①凡按图施工,没有变动的,可利用原施工图作为竣工图。

②凡在施工中,虽有一般性设计变更,但能在原施工图上修改、补充的,可由施工单位在原施工图(必须是新蓝图)上注明修改部分、修改依据和施工说明后,作为竣工图。

③凡结构改变、工艺改变、平面布置改变、项目改变以及有其他重大变更,原施工图不能代替或利用的,必须重新绘制竣工图,并在其说明栏内注明重新绘制的原因或有关变更依据。

(3)反映建设项目过程的图片、照片(包括底片或电子文件)、胶片、录音、录像等材料是工程档案的重要内容,应按其种类分别整理、立卷,并对每个画面附以比较详细的语言或文字说明。对于隐蔽工程、工程关键部位的施工,尤其是出现重大事件、事故的工程,必须有完整的文字和声像材料。有关单位,特别是监理、施工单位,从施工初期就应指定专人负责档案管理,认真做好记录并随时加以整理、注释,随工程档案一并移交。

(4)归档套(份)数的要求如下:

①全部档案材料共提交三套,其中正本(原件)一套,副本二套。照片一套存正本,照片光盘三套分存正本和副本。

②电子文件应与纸质文件同时归档,并符合《电子文件归档与管理规范》(GB/T 18894—2002)的规定。

14.3 水利工程项目档案立卷及整编要求

14.3.1 组织案卷

14.3.1.1 组卷原则

案卷是由互有联系的若干文件组合而成的档案保管单位。组织案卷要遵循文件的形成规律,保持案卷内文件材料的有机联系,相关的文件材料应尽量放在一起,便于档案的保管和利用。案卷要做到组卷规范、合理,符合国家或行业标准要求。

14.3.1.2 组卷要求

(1)案卷内文件材料内容必须准确反映工程建设与管理活动的真实内容。

(2)案卷内文件材料要齐全、完整。

(3)案卷内文件材料的载体和书写材料应符合耐久性要求,禁用热敏纸、铅笔、圆珠笔、红墨水、纯蓝墨水、复写纸等材料书写(包括拟写、修改、补充、注释或签名)。

(4)归档目录与归档文件关系清晰,各级类目设置清楚,能反映工程特征和工程实况。

14.3.1.3 组卷方法

根据《水利工程项目档案类别及保管期限对照表》划分文件材料的类别,按文件种类组卷。组卷时,应注意单位工程的成套性和分部工程的独立性;应在分部工程的基础上,做好单位工程的立卷归档工作。同一类型的文件材料以分部或单位工程组卷,如工程质量评定资料以分部工程组卷,竣工图以单位工程或不同专业组卷,管理性文件材料以标段或项目组卷。水利工程建设项目文件归档范围和档案保管期限如表 14-1 所示。

表 14-1　水利工程建设项目文件归档范围和档案保管期限

序号	归档文件范围	保管期限	归档单位
	一、前期工作		
1	项目策划、筹备文件	永久	项目法人
2	项目建议书及审批相关文件	永久	项目法人
3	项目评估、论证及咨询文件	永久	项目法人
4	项目审批、核准及补充文件	永久	项目法人
5	各阶段环境影响、水土保持、水资源、地震安全、文物保护、地质灾害、林地、消防等专项评估报告及批复文件	永久	项目法人
6	压覆矿产资源、劳动安全与工业卫生、职业健康、防洪等专项评价文件	永久	项目法人
7	停建令、社会稳定风险评估报告及批复文件	永久	项目法人
8	取水(砂)、林木采伐及电网接入许可文件	永久	项目法人
9	可行性研究报告及设计图纸、可研阶段审批所需各类专题报告及图件、各类报批文件、技术审查意见	永久	项目法人 设计单位
10	地形、地貌、控制点、建筑物、构筑物及重要设备安装测量定位、观测监测记录	永久	项目法人 设计单位
11	气象、地震等其他设计基础资料	永久	项目法人 设计单位
12	规划报告书、补充报告及审批文件	永久	项目法人 设计单位
13	方案论证、设计及审批文件	永久	项目法人 设计单位
14	招标文件及主管部门审核意见	永久	项目法人 设计单位
15	初步设计报告及设计图纸、初设阶段审批所需各类专题报告及图件、各类报批文件、技术审查意见、概算核定意见及审批文件	永久	项目法人 设计单位
16	供图计划、施工图纸及各类技术文件、技术报告及审批文件	永久	项目法人 设计单位

续表

序号	归档文件范围	保管期限	归档单位
二、征地补偿与移民安置			
1	建设用地预审材料及审查意见	永久	项目法人
2	建设用地组卷报批材料及审批文件	永久	项目法人
3	征迁协议、土地移交、临时用地复垦及返还等资料	永久	项目法人
4	建设用地规划许可证、国有土地使用证、林权证、不动产权证等	永久	项目法人
5	实物调查成果、勘测定界成果图	永久	项目法人
6	建设前原始地貌、征地拆迁、移民安置的音像资料	永久	项目法人
7	企事业单位资产评估资料	永久	项目法人
8	移民安置规划及审批文件	永久	项目法人
9	移民安置协议、移民安置年度计划	永久	项目法人
10	移民安置监督评估合同、报告	永久	项目法人
11	移民村、城(集)镇拆迁实施相关资料	永久	项目法人
12	征地补偿与移民安置项目建设的招投标、合同、安置实施、验收等文件	永久	项目法人
13	征地补偿与移民安置资金合同、决算、审计、稽查等管理文件	永久	项目法人
14	征地补偿与移民安置各阶段验收文件	永久	项目法人
三、建设实施			
(一)工程建设管理文件			
1	项目建设管理组织机构成立、调整文件	永久	项目法人
2	项目管理人员任免文件	永久	项目法人
3	项目管理的各项管理制度、业务规范、工作程序,质保体系文件	30年	项目法人

续表

序号	归档文件范围	保管期限	归档单位
4	项目施工前涉及水通、电通、道路通和场地平整的文件	永久	项目法人
5	开工报告文件	永久	项目法人
6	有关工程建设计划、实施计划和调整计划	永久	项目法人
7	工程建设年度工作总结	30 年	项目法人
8	工程管理相关会议文件	永久	项目法人
9	工程建设管理大事记	永久	项目法人
10	重大设计变更申请、审核及批复文件	永久	项目法人
11	关键技术设计、试验文件	永久	项目法人
12	工程预算、差价管理、合同价结算等文件	永久	项目法人
13	索赔与反索赔文件	永久	项目法人
14	投资、质量、进度、安全、环保等计划、实施和调整、总结	30 年	项目法人
15	通知、通报等日常管理性文件，一般性来往函件	30 年	项目法人
16	质量、安全、环保、文明施工等专项检查考核、监督、履约评价文件	30 年	项目法人
17	第三方检测文件（资质及检测报告等）	永久	项目法人
18	有关质量及安全生产事故处理文件	永久	项目法人
19	重要领导视察、重要活动及宣传报道文件	永久	项目法人
20	监管部门制发的重要工作依据性文件，涉及法律事务文件	永久	项目法人
21	组织法律法规、标准规范、制度程序宣贯培训文件，信息化工作文件	10 年	项目法人
22	出国考察报告及外国技术人员提供的有关文件	永久	项目法人
23	工程建设不同阶段产生的有关工程启用、移交的各种文件	30 年	项目法人

续表

序号	归档文件范围	保管期限	归档单位
24	获得奖项、荣誉、先进人物等文件	永久	项目法人
25	工程原始地形、地貌,开工仪式、重要会议、重要领导视察,质量及安全生产事故处理,专项检查、质量监督活动,新技术、新工艺、新材料等应用,竣工后新貌等建设管理音像文件	永久	项目法人

（二）招标投标、合同协议文件

序号	归档文件范围	保管期限	归档单位
1	招标计划及审批文件,招标公告、招标书、招标修改文件、答疑文件、招标委托合同、资格预审文件	30 年	项目法人
2	中标的投标书、澄清、修正补充文件	永久	项目法人
3	未中标的投标文件(或作资料保存)	项目审计完成	项目法人
4	开标记录、评标人员签字表、评标纪律、评标办法、评标细则、打分表、汇总表、评审意见	30 年	项目法人
5	评标报告、定标文件,中标通知书	永久	项目法人
6	市场调研、技术经济论证采购活动记录、谈判文件、询价通知书、响应文件	30 年	项目法人
7	供应商的推荐、评审、确定文件,政府采购、竞争性谈判、单一来源采购协商记录、质疑答复文件	30 年	项目法人
8	合同准备及谈判、审批文件,合同书、协议书,合同执行、合同变更、合同索赔、合同了结文件、合同台账文件	永久	项目法人

（三）施工文件

序号	归档文件范围	保管期限	归档单位
1	施工项目部组建、印章启用、人员任命文件	永久	施工单位
2	进场人员资质报审文件	永久	施工单位
3	施工设备、仪器进场报审及设备仪器校验、率定文件	永久	施工单位
4	工程技术要求、技术(安全)交底、图纸会审纪要	永久	施工单位
5	施工组织设计、施工方案及报审文件	永久	施工单位
6	施工计划、施工技术及安全措施、施工工艺及报审文件	永久	施工单位
7	工地实验室成立、资质、授权及外委试验协议、资质文件	30 年	施工单位

续表

序号	归档文件范围	保管期限	归档单位
8	原材料及构配件进场报验文件(出厂合格证、质量保证书、进场试验检验台账等)	永久	施工单位
9	原材料、半成品、终产品与构配件的见证取样记录及各种试验检验报告、试验检验台账等文件	永久	施工单位
10	工程项目划分报审文件	永久	施工单位
11	合同标段开工报审文件	永久	施工单位
12	设计技术(安全)交底、作业指导书、图纸会审及回复文件,强制性条文实施文件	永久	施工单位
13	交桩记录及复测记录文件	永久	施工单位
14	施工定位、施工放样、控制测量及报审文件	永久	施工单位
15	配合比设计(含砂石骨料实验室)及商混质量保证文件	永久	施工单位
16	混凝土浇筑(开仓)报审文件	永久	施工单位
17	单元工程(含隐蔽工程、关键部位)质量验收、评定报审文件(工序、三检、试验、测量、施工记录等)及验收评定台账	永久	施工单位
18	设备及管线焊接工艺评定报告,焊接试验记录、报告,施工检验记录、报告,探伤检测、测试记录、报告,管道单线图(管段图)	永久	施工单位
19	设备及管线强度、密闭性等试验检测记录、报告,联动试车方案、记录、报告、安装记录	永久	施工单位
20	分部工程验收申请、批复、分部工程质量评定表、工作报告、验收鉴定书	永久	施工单位
21	单位工程验收申请、批复、外观及单位工程质量评定表、各方工作报告、验收鉴定书	永久	施工单位
22	工程或设备变化状态(测试、沉降、位移、变形等)的各种监测记录及分析文件	永久	施工单位
23	缺陷处理方案、记录,验收、备案文件	永久	施工单位
24	设计(变更)通知、设代函,有关工程变更的洽商单、联系单、报告单、申请、指示及批复文件	永久	施工单位
25	原材料、零部件、设备、代用变材变价的审批、技术核定单及工程变更台账文件	永久	施工单位
26	合同变更索赔文件	永久	施工单位

续表

序号	归档文件范围	保管期限	归档单位
27	水土保持、环境保护实施与监测文件	永久	施工单位
28	施工期间的有关投资、质量、进度、安全、环保、相关事件的各类报告单、请示等文件	永久	施工单位
29	施工日志、月报、年报、大事记	30年	施工单位
30	竣工图及竣工图编制说明	永久	施工单位
31	合同项目验收申请、批复、各方工作报告、验收鉴定书	永久	施工单位
32	施工音像文件(进场时的初始地形、地貌、各阶段节点、隐蔽、重要部位、缺陷处理、会议及完工新貌等)	永久	施工单位

(四)设备制造、采购文件

序号	归档文件范围	保管期限	归档单位
1	设备制造单位质量管理体系,设备制造计划、方案及报审文件	永久	设备制造单位
2	原材料、外购件等质量证明及报审文件	永久	设备制造单位
3	设备设计、出厂验收文件	永久	设备制造单位
4	设备防腐、保护措施等文件材料	永久	设备制造单位
5	设备制造技术核定单、联系单、会议纪要,强制性条文实施文件	永久	设备采购单位
6	设备、材料装箱单、开箱记录、工具单、备品备件单	永久	设备采购单位
7	工艺设计、说明、规程、试验、技术报告	永久	设备采购单位
8	设备制造探伤、检测、测试、鉴定的记录、报告	永久	设备采购单位
9	设备变更、索赔文件	永久	设备采购单位
10	设备台账、设备图纸,出厂试验报告、产品质量合格证明、安装及使用说明、维护保养手册	永久	设备采购单位
11	自制专用设备任务书、设计、检测、鉴定文件	永久	设备采购单位
12	进口设备报关(商检、海关等)文件	永久	设备采购单位
13	特种设备生产安装使用维修许可、监督检验证明、安全监察文件	永久	设备制造单位

续表

序号	归档文件范围	保管期限	归档单位
14	设备设计图、竣工图	永久	设备制造单位
15	设备制造音像文件(设备制造过程各关键节点、重要部位及完工面貌等)	永久	设备制造单位

(五)信息系统开发文件

序号	归档文件范围	保管期限	归档单位
1	需求调研计划、需求分析、需求规格说明书、需求评审	30 年	系统开发单位
2	设计开发方案、概要设计及评审、详细设计及评审文件	30 年	系统开发单位
3	数据库结构设计、编码计划、代码编写规范、模块开发文件	30 年	系统开发单位
4	信息资源规划、数据库设计、应用支撑平台、应用系统设计、网络设计、处理和存储系统设计、安全系统设计、终端、备份、运维系统设计文件	30 年	系统开发单位
5	信息系统标准规范文件	10 年	系统开发单位
6	实施计划、方案及批复文件	30 年	系统开发单位
7	源代码及说明、代码修改文件、网络系统和二次开发支持文件、接口设计说明书	30 年	系统开发单位
8	程序员开发手册、用户使用手册、系统维护手册	30 年	系统开发单位
9	安装文件、系统上线保障方案,测试方案及评审意见、测试记录、报告,试运行方案、报告	30 年	系统开发单位
10	信息安全评估、系统开发总结、验收交接清单、验收证书	30 年	系统开发单位

(六)监理(监造)文件

序号	归档文件范围	保管期限	归档单位
1	监理(监造)项目部组建、印章启用、监理人员资质,总监任命、监理人员变更文件	永久	监理(监造)单位
2	监理(监造)规划、大纲及报审文件、监理(监造)实施细则	永久	监理(监造)单位
3	开工通知、暂停施工指示、复工通知等文件,图纸会审、图纸签发单	永久	监理(监造)单位
4	监理平行检验、试验记录,抽检文件	30 年	监理(监造)单位
5	监理检查、复检、旁站记录,见证取样	永久	监理(监造)单位

续表

序号	归档文件范围	保管期限	归档单位
6	质量缺陷、事故处理、安全事故报告	永久	监理(监造)单位
7	监理(监造)通知单、回复单、工作联系单、来往函件	永久	监理(监造)单位
8	监理(监造)例会、专题会等会议纪要、备忘录	永久	监理(监造)单位
9	监理(监造)日志、月报、年报	30年	监理(监造)单位
10	监理工作总结、质量评估报告、专题报告	永久	监理(监造)单位
11	工程计量支付文件	永久	监理(监造)单位
12	联合测量或复测文件	永久	监理(监造)单位
13	监理组织的重要会议、培训文件	永久	监理(监造)单位
14	监理音像文件	永久	监理(监造)单位

(七)科研项目文件

序号	归档文件范围	保管期限	归档单位
1	科研项目(技术咨询服务)立项文件,科研项目计划、批准文件	永久	项目法人
2	科研项目(技术咨询服务)合同、协议、任务书	永久	项目法人
3	研究大纲、方案、计划、调查研究、开题报告	永久	项目承担单位
4	试验方案、记录、图表、数据、照片、音像	永久	项目承担单位
5	实验计算、分析报告、阶段报告	永久	项目承担单位
6	实验装置及特殊设备图纸、工艺技术规范说明书	永久	项目承担单位
7	实验操作规程、事故分析报告	永久	项目承担单位
8	技术评审、考察报告、研究报告、结题验收报告,会议文件	永久	项目承担单位
9	成果申报、鉴定、获奖及推广应用材料	永久	项目承担单位
10	获得的专利、著作权等知识产权文件	永久	项目承担单位

续表

序号	归档文件范围	保管期限	归档单位
	四、生产准备/试运行		
1	技术准备计划、方案及审批文件	永久	项目法人
2	试生产、试运行管理、技术规程、规范	30 年	项目法人
3	试生产、试运行方案、操作规程、作业指导书、运行手册、应急预案	30 年	项目法人
4	试车、验收、运行、维护记录	30 年	项目法人
5	试生产产品质量鉴定报告	30 年	项目法人
6	试运行发现的缺陷台账及处理记录,事故分析记录、报告	永久	项目法人
7	试生产工作总结、试运行考核报告	永久	项目法人
8	技术培训文件	10 年	项目法人
9	产品技术参数、性能、图纸	永久	项目法人
10	环保、水保、消防、职业安全卫生等运行检测、监测记录、报告	30 年	项目法人
	五、竣工验收		
1	项目各项管理工作总结	永久	项目法人
2	工程建设管理报告、设计工作报告、施工管理工作报告、监理工作报告、采购工作报告、总承包管理报告、运行管理工作报告等	永久	项目法人
3	项目安全鉴定报告、质量检测评审鉴定文件、质量监督报告	永久	项目法人
4	评估报告、阶段验收文件	永久	项目法人
5	工程决算、审计报告	永久	项目法人
6	环境保护、水土保持、移民安置、消防、档案等专项验收申请及批复文件	永久	项目法人
7	竣工验收大纲、验收申请、验收报告及批复	永久	项目法人

续表

序号	归档文件范围	保管期限	归档单位
8	验收组织机构、验收会议文件、签字表，验收意见、备忘录、验收证书等	永久	项目法人
9	工程竣工验收后相关交接、备案文件	永久	项目法人
10	运行申请、批复文件、运行许可证书	永久	项目法人
11	项目评优报奖申报材料、批准文件及证书	永久	项目法人
12	项目后评价文件	永久	项目法人
13	项目专题片、验收工作音像材料	永久	项目法人

注：1. 该表中所列为项目文件归档范围，不作为项目档案分类方案。

2. 案卷题名应简明、准确地揭示卷内文件材料的内容，均应冠工程项目名称及单位工程（分部工程）名称。

3. 案卷是由互有联系的若干文件组合而成，要遵循文件的形成规律，保持案卷内文件材料的有机联系，相关的文件材料应尽量放在一起，做到组卷规范、合理，符合国家或行业标准要求。

14.3.2 水利工程项目档案类别

水利工程项目档案类别参考表如表 14-2 所示。

表 14-2 水利工程项目档案类别参考表

属类号	归档文件	备注
G	工程建设前期与建设管理文件材料	(1) 设计单元成卷； (2) 中标标书存档正、副本未中标存档正本； (3) 标书排序为：全部中标标书在前，并在案卷题名后标示"中标"字样；未中标排后，标示"未中标"字样
S	施工文件材料	(1) 单位工程成卷； (2) 单元工程质量评定材料按照分部工程成卷； (3) 施工过程初检、复检、终检材料均属归档范围
J	监理文件材料	(1) 监理材料以监理标段或单位工程成卷； (2) 抽检材料以单位工程成卷
D	机电设备、材料文件材料	标段成卷
A	安全监测文件材料	标段成卷

续表

属类号	归档文件	备注
C	财务与资产管理文件	设计单元成卷
K	科研项目文件材料	项目或设计单元成卷
Y	运行、试运行及完工（竣工）验收文件材料	设计单元成卷

14.3.3　案卷和案卷内文件材料的排列

卷内文件要排列有序。工程文件材料及各类专门档案材料可先按不同阶段分别组成案卷，再按时间顺序排列案卷。

(1)基建类案卷按项目依据性材料、基础性材料、工程设计（含初步设计、技术设计、施工图设计）、工程施工、工程监理、工程竣工验收、调度运行等排列。

(2)科研类案卷按课题准备立项阶段、研究实验阶段、总结鉴定阶段、成果申报奖励和推广应用等阶段排列。

(3)设备类案卷按设备依据性材料、外购设备开箱验收（自制设备的设计、制造、验收）、设备安装调试、随机文件材料、设备运行、设备维护等排列。

(4)案卷内管理性文件材料按问题、时间或重要程度排列，并以件为单位编号及编目。一般正文与附件为一件，正文在前，附件在后；正本与定稿为一件，正本在前，定稿在后，依据性材料（如内部请示、领导批示及相关的文件材料）放在定稿之后；批复与请示为一件，批复在前，请示在后；转发文与被转发文为一件，转发文在前，被转发文在后；来文与复文为一件，复文在前，来文在后；原件与复制件为一件，原件在前，复制件在后；会议文件按分类以时间顺序排序。

(5)案卷中，文字材料在前，图样在后。

(6)竣工图按专业、图号排列。

14.3.4　案卷的编制

14.3.4.1　案卷封面的编制

案卷内的文件材料基本情况是通过案卷封面的编制揭示出来的，封面又起着保护卷内文件材料的作用。

案卷封面可采用案卷外封面（卷盒）和案卷内封面（软卷皮）两种形式，内封面排列在卷内目录之前。案卷封面内容项目有：

(1)案卷题名：案卷题名应简明、准确地揭示卷内科技文献材料的内容，主要内容包括项目名称（工程、课题、设备等）、文件材料的内容特征（阶段、专业、工序等）、文件名称

（质量评定、监理工作报告、施工图、竣工验收鉴定书）等。

（2）立卷单位：负责文件材料组卷的部门或项目负责部门。

（3）起止日期：案卷内科技文件材料的起止日期。

（4）保管期限：依据有关规定，填写划定的保管期限。

（5）密级：依据保密规定，填写卷内科技文件材料的最高密级（无相关要求时可暂不填写）。

（6）档号：档案的分类号和案卷顺序号。

（7）档案馆号：国家档案行政管理部门赋予的代号。

14.3.4.2　卷盒脊背的编制

卷盒脊背与封面的案卷题名、档号、保管期限应一致。

档案盒封面样式及规格如图 14-3 所示。

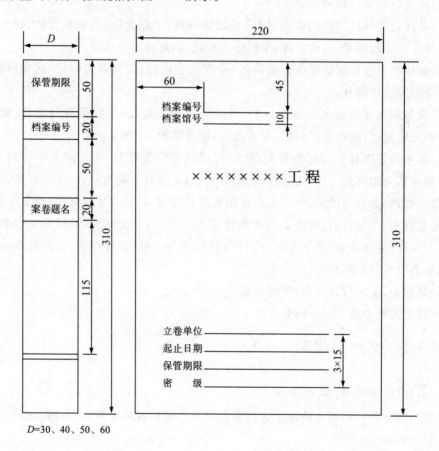

图 14-3　档案盒封面样式及规格（单位：mm）

案卷封面参考样如图 14-4 所示。

档　　号＿＿＿＿＿＿＿＿＿＿＿＿＿

档案馆号＿＿＿＿＿＿＿＿＿＿＿＿＿

××××工程

案卷题名＿＿＿＿＿＿＿＿＿＿＿＿＿＿＿＿＿＿＿

立卷单位＿＿＿＿＿＿＿＿＿＿＿＿＿＿＿＿＿＿＿

起止日期＿＿＿＿＿＿＿＿＿＿＿＿＿＿＿＿＿＿＿

保管期限＿＿＿＿＿＿＿＿＿＿＿＿＿＿＿＿＿＿＿

密　　级＿＿＿＿＿＿＿＿＿＿＿＿＿＿＿＿＿＿＿

(a)案卷封面

×××ד工程
××××段输水工程

施工档案全引目录

（×标段）

××××公司
××××段输水工程施工××××标项目经理部
××××年××月

注：上面的小标题为小二号黑体字，中间的大标题为 28 号黑体字，下面的标段和落款为三号黑体字，落款同项目部公章内容。

（b）施工档案全引目录封面

××××工程
××××段输水工程

施工档案总目录

（1～××标段）

××× 段输水工程建设管理局

××××年××月

注：上面的小标题为小二号黑体字，中间的大标题为小初号黑体字，下面的标段和落款为三号黑体字。管理单位、监理单位档案全引目录、总目录格式同施工目录。

（c）施工档案总目录封面

图 14-4　案卷封面参考样

案卷脊背参考样例如图 14-5 所示。

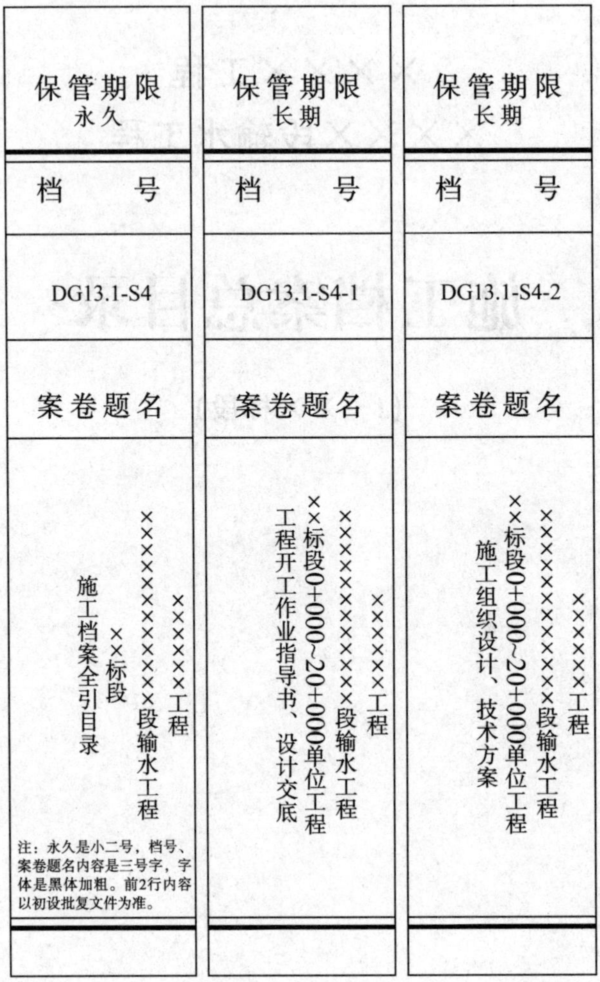

图 14-5　脊背参考样例

14.3.4.3　卷内文件材料页号的编写

（1）案卷内文件材料均以有书写内容的页面编写页号，逐页编号，不得遗漏或重号。

（2）单面书写的文件材料在其右下角编写页号；双面书写的文件材料，正面在其右下角编写页号，背面在其左下角编写页号。

（3）印刷成册的文件材料分件成卷可不装卷皮，逐件加盖档号章即可。档号章式样如图 14-6 所示。印刷成册的文件材料的原目录可代替卷内目录，不必重新编写页号，卷内目录只填写文件题名及起止页号，放置文件前即可。印刷成册的文件材料与其他文件材料组成一卷时，印刷成册的文件材料应排在卷内文件材料最后（不用装订卷皮），将其作为一份文件填写卷内目录，不必重新编写页号，但需要在卷内备考表中加以说明，并注明总页数。

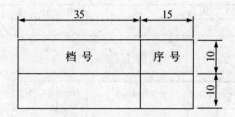

图 14-6　档号章式样(单位:mm)

注:档号章式样中的档号同档盒脊背档号一致,序号为档案卷内件号。卷内不装订的图纸须逐页加盖档号章;分件装订组卷的文件材料须逐件加盖档号章。

(4)卷内目录、卷内备考表不编写页号。

14.3.4.4　卷内目录的编制

卷内目录是记录卷内文件题名及其他特征并固定文件排列次序的表格,排列在卷内文件之前(卷内目录左上角填写档号),内容用 5 号宋体,卷内目录样式如图 14-7 所示。

(1)序号:卷内文件材料件数的顺序从"1"起依次标注。

(2)文件编号:文件材料的文号、图样的图号、设备代号等。

(3)责任者:文件材料的形成部门或主要责任者。

(4)文件材料题名:文件材料标题的全称,不要随意更改或简化;没有标题的文件材料应在拟写标题外加"[]";会议记录应填写主要议题。

(5)日期:文件材料的形成日期,如 20211201。

(6)页号:每份文件材料首页上标注的页号,末尾一份文件则标注起止页号。

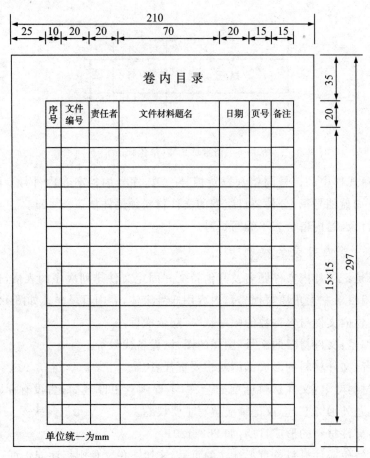

图 14-7　卷内目录样式

（注：卷内目录左上角填写档号）

14.3.4.5　卷内备考表的编制

卷内备考表式样如图 14-8 所示，其编制要求如下：

（1）卷内备考表是卷内文件状况的记录单，排列在卷内文件之后。内容用 5 号宋体。

（2）卷内备考表要注明案卷内文件材料的件数、页数以及在组卷和案卷提供使用过程中需要说明的问题。卷内备考表应有责任立卷人和案卷质量审核人签名，应填写完成立卷和审核的日期。

（3）互见号应填写反映同一内容而形式不同且另行保管的档案保管单位的档号，档号后应注明档案载体形式，并用括号括起来。

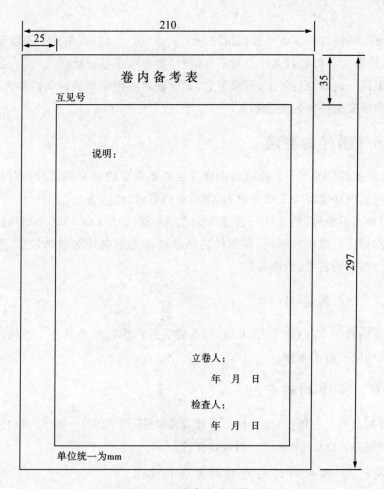

图 14-8 卷内备考表式样

14.3.5 案卷的装订

案卷的装订要求如下：

文件材料线装(采用三孔一线方法装订)，去掉金属物。破损的文件材料要先修复，不易修复的应复制，与原件一并立卷。剔除空白纸和重复(份)材料。

(2)案卷内不同幅面的文件材料要折叠为统一幅面，幅面一般采用国际标准 A4 型 (297 mm×210 mm)。

(3)文件材料可采用整卷装订与单份文件装订两种形式，同一项目的装订要统一。

(4)文件材料要求整卷装订，外包牛皮纸软卷皮，卷内目录和卷内备考分别装订在软卷皮内首和尾。一般一个文件盒内装一卷，厚度一般不超过 4 cm。文件材料较少者也可以用薄盒装放。

(5)特殊情况也可以一盒多卷，但必须显示每卷档号及各卷主题内容，以便于检索、统计和利用。

（6）卷目归档内容较多者可根据情况分至多卷（册）。例如，单元工程质量评定等，一个分部工程档案内容可装订为一卷或多卷（册），案卷顺序号顺延。

（7）如果同一内容材料较多，形成多卷，案卷题名要用部位或时间段等方式标注以做区分，不能出现完全一样的案卷题名。

14.3.6 图样的整编

图样要求按卷（册）装订。原成册图样符合档案要求的可原卷（册）归档，将图纸成册对折，装入档盒内并编写竣工图纸说明，填写卷内目录、卷内备考。

特殊图样可不装订，幅面统一按国际标准 A4 型（297 mm×210 mm）以手风琴式正反来回折叠，标题栏露在右下角，在图样的标题栏框上空白处加盖档号章，逐页编件号；填写卷内目录，卷内备考，顺序排列。

14.3.7 档案装具

卷皮、卷内目录、卷内备考表、卷盒、案卷脊背及声像档案装具等一律执行国家标准，由各建档机构统一组织制作。

14.3.8 声像材料归档

声像材料归档要求依据《照片档案管理规范》（GB/T 11821—2002）和《磁性载体档案管理与保护规范》（DA/T 15—95）的规定执行。

14.3.8.1 声像材料说明的编写方法和要求

（1）声像材料的文字说明要准确揭示照片内容，一般不超过 200 字，其成分包括事由、时间、地点、人物（姓名、身份）、背景、摄影者等六要素；时间用阿拉伯数字表示。

（2）声像材料的文字说明有总说明和分说明两种。一般应以照片的自然张为单元编写说明，一组（若干张）联系密切的照片应加总说明，总说明应概括揭示该组照片所反映的全部信息内容及其他需说明事项，在相册首页"照片总说明"内书写。同时，相册内每张照片都应附有说明，准确概括说明照片内容。

（3）说明采用横写格式分段书写。顺序为：照片号/底片号、拍摄时间、文字说明、参见号及摄影者。单张照片的说明应在照片的左侧或右侧书写。

14.3.8.2 照片的整理方法

（1）分类：一般应在全宗内按年代进行分类。分类应保持前后一致，不能随意变动。

（2）根据分类情况组卷，将照片与说明一起固定在芯页正面，案卷芯页以 30 页为宜，并附卷内目录与卷内备考表。

（3）卷内目录：以照片的自然张或有总说明的若干张为单元填写卷内目录。照片号即案卷内照片的顺序号。照片题名在尽量保证基本要素内容完整的前提下,将文字说明改写成照片名称,一般不应超过 50 字。参见号即与本张(组)照片有联系的其他档案的档号。

14.3.9　电子文件材料归档

(1)归档的电子文件应使用不可擦除型光盘;该光盘应无病毒、无划伤,能正常被计算机识别、运行,并能准确输出。

(2)电子文件应附内容说明。

(3)声像材料及电子文件保管所用装具及保管条件一律执行国家统一标准、规定。

14.3.10　案卷全引目录的编制

归档工程文件材料,整理立卷后,档案管理部门要编制档案案卷全引目录(胶印装订),并将全引目录排在工程材料前面。案卷全引目录盒不编制(案卷)顺序号。

案卷目录表如表 14-3 所示,其中序号即案卷顺序号,编制单位即案卷内科技文件材料的形成单位或主要责任者,件数即卷内目录中件数。

案卷全引目录共分 3 部分,分别为案卷目录、卷内目录和档案交接单,必须由部门负责人签字和单位盖章。

表 14-3　案卷目录表　　　　　　　　　　　　　　　　　　　　××标段

序号	档号	案卷题名	编制单位	起止日期	保管期限	件数	备注

注:填写内容用 5 号宋体。起止日期填写卷内文件材料起止日期。

工程档案交接单式样如图 14-9 所示。

(××××)工程
档案交接单

本单附有目录张,包含工程档案资料卷。

(其中包含永久卷、长期卷和短期卷;在永久卷中包含竣工图张)

归档或移交单位(签章)：

经手人：

年　月　日

接收单位(签章)：

经手人：

年　月　日

图 14-9　工程档案交接单式样

档案交接单式样如图 14-10 所示。

<h2 style="text-align:center">水利工程建设项目档案交接单</h2>

移交单位 （部门）			接收单位 （档案管理机构）			
工程项目名称						
档案编号						
载体类型	纸质档案（归档文件、施工图、竣工图）、照片档案、光盘（硬盘）、实物					

数量 套别	总盒数 （盒）	档案数 量（卷）	其中：不同载体档案数量				案卷目 录（套）	卷内目 录（套）
			纸质档案 （卷）	图纸 （张/卷）	照片档案 （张/册）	光盘（硬盘） （张/册）		
第 1 套								
第 2 套								
…								

移交说明	
接收意见	

移交单位 （部门）	单位负责人签字： （盖章）　年　月　日 档案工作人员签字： 　　年　月　日	接收单位	单位负责人签字： （盖章）　年　月　日 档案工作人员签字： 　　年　月　日

注：本表一式两份，分别由移交单位和接收单位保管。

图 14-10　档案交接单式样

14.3.11 案卷总目录的编制

工程现场建管单位负责组织和制作,并附目录编制说明一并胶印装订,提交备份软盘。

案卷总目录可分册,总-1、总-2……分别表示总目录的第一本目录、第二本目录……总目录的顺序号在每本目录中流水,因此每本目录内的案卷顺序号都从 1 开始。一般 1~500 卷目汇总一本,也可以设计单元成册。

14.4 水利工程项目档案分类编号

14.4.1 说明

工程项目档案编号以"卷"为档案保管单位,档案编号由项目法人确定,采用三级编号法,具体内容如下:

大类(单项工程代号+设计单元工程代号)—属类号(文件材料类别)—保管单位(案卷)顺序代号

14.4.2 档案编号结构形式参考

档案编号结构形式如图 14-11 所示。

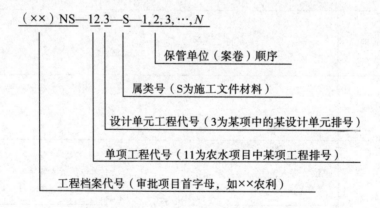

图 14-11 档案编号结构形式

14.4.3 工程项目档案编号的确定

第一级(大类):由单项工程和设计单元工程组成,由项目建设批准单位的档案管理部门确定。

第二级(属类):由工程建设项目的具体内容(类别)结合参建单位的分标方案组成,由最高一级建设管理单位(项目法人)的档案管理部门确定,即档案由哪家单位管理保存,其属类就由哪家单位确定。

第三级(顺序号):保管单位(案卷)顺序号是由各标段参建单位按照所归档的案卷的排列顺序确定。

14.4.4 档案编号使用

大类(属类)有固定意义,具体可参考以下八种:

G 类:工程建设前期与建设管理文件材料。

S 类:施工文件材料。

J 类:监理文件材料。

D 类:机电设备、材料文件材料。

A 类:安全检测文件材料。

C 类:财务与资产管理文件。

K 类:科研项目文件材料。

Y 类:运行、试运行及完工(竣工)验收文件材料。

各项目工程、设计单元工程根据工程具体情况确定属类号,并根据各属类归档文件内容组卷。

14.4.5 属类数字部分的使用

建设管理局(项目法人)管理多个单项和设计单元工程,因此工程现场管理档案适用于以设计单元为单位的档案管理和验收。档案编号可以结合分标方案,依据批复的项目划分内容来编制。根据工程实际情况,二级属类号后加编施工标段号,施工材料以单位工程为单位进行组卷。单位工程是独立验收单位,案卷题名中必须明确单位工程名称。

如果在一个设计单元工程中有多个"工程段",每个"工程段"有两个以上的施工标段,并已设定标段号各从"1"开始,可在第二级属类号前加编"工程段"工程编号,编号采用阿拉伯数字,顺序自定。

14.4.6 保管单位(案卷)顺序号的使用

建设单位以设计单元编制顺序号;监理、施工单位以合同标段编制顺序号。如果一个标段含有多个属类,各属类案卷顺序号连续顺延。

案卷顺序号编制主要依据有《国家重大建设项目文件归档要求与档案整理规范》(DA/T 28—2002)、《水利工程建设项目档案管理规定》《山东省南水北调工程项目档案管理办法》。

附录 A　项目法人(代建)单位管理制度名录

项目法人(代建)单位管理制度应包含但不限于以下内容:

序号	建立的制度	备注
一、建设管理制度		
1	招投标管理办法	
2	质量管理办法	
3	安全生产管理办法	
4	安全生产目标考核办法	
5	建设资金及财务管理办法	
6	档案管理办法	
7	征地迁占工作制度	
8	会议制度	
9	工地现场巡视检查制度	
10	参与工程质量评定制度	
11	参加或主持工程验收制度	
12	工程资金支付审核制度	

续表

序号	建立的制度	备注
13	质量管理机构、职责	上墙
14	项目法人应明确质量、技术负责人,配置的工程专业技术人员、专职技术负责人要满足工程建设需要	
15	组织设计交底工作,组织解决工程建设中的重大技术问题	
16	办理工程质量监督手续	
17	项目总体实施计划	
18	年度实施计划	
19	明确工程关键环节和控制节点工程,保证主体工程节点进度	
20	汛前重要的单项工程进度应满足度汛要求,附属工程应与主体工程进度相适应	
21	合同管理职责制度	
22	合同订立审签管理制度	
23	合同专用章保管使用制度	
24	授权委托书管理制度	
25	合同履行、变更和解除制度	
26	合同纠纷处理制度	
27	合同资料管理制度	
28	考核与奖惩制度等	
29	档案管理办法	
30	档案分类大纲及方案	
31	项目文件归档范围和档案保管期限表	
32	档案整编细则	

续表

序号	建立的制度	备注
33	在招标文件中明确项目文件管理要求	
34	建立项目文件管理和归档考核机制	
35	党建进工地制度	

二、安全生产管理制度

1	目标管理	
2	安全生产和职业健康责任制	
3	安全生产投入	
4	安全生产信息化	
5	文件、记录和档案管理	
6	新技术、新工艺、新设备设施、新材料管理	
7	教育培训	
8	班组安全活动	
9	特种作业人员管理	
10	设备设施管理	
11	作业活动管理	
12	危险物品管理	
13	安全警示标志管理	
14	用电安全管理	
15	消防安全管理	
16	交通安全管理	

续表

序号	建立的制度	备注
17	相关方管理	
18	防洪度汛安全管理	
19	职业健康管理	
20	劳动防护用品(具)管理	
21	安全预测预警	
22	安全风险管理、隐患排查治理	
23	变更管理	
24	重大危险源辨识与管理	
25	应急管理	
26	事故管理	
27	安全生产报告	
28	绩效评定管理	

附录 B 监理单位管理制度名录

监理单位管理制度应包含但不限于以下内容：

序号	建立的制度	备注
一、建设管理制度		
1	技术核查、审核和审批制度	
2	原材料、中间产品和工程设备报验制度	
3	工程质量报验制度	
4	审查施工技术方案、监管执行有关的质量标准、组织或参加质量检查、质量事故处理、工程验收等工作	
5	工程建设标准强制性条文（水利工程部分）符合性审核制度	
6	建立健全教育培训制度	
7	旁站监理制度	
8	编制监理大纲、监理规划和专业工程监理实施细则	
9	工地现场巡视检查制度	
10	参与工程质量评定制度	
11	参加或主持工程验收制度	
12	质量管理机构、职责	上墙

续表

序号	建立的制度	备注
13	合同管理职责制度	
14	合同订立审签管理制度	
15	合同专用章保管使用制度	
16	授权委托书管理制度	
17	合同履行、变更和解除制度	
18	合同纠纷处理制度	
19	合同资料管理制度	
20	考核与奖惩制度等	
21	审查施工单位归档文件的完整性、准确性、系统性、有效性和规范性,形成监理审核报告	
22	党建进工地制度	

二、安全生产管理制度

1	目标管理	
2	安全生产和职业健康责任制	
3	安全生产投入	
4	安全生产信息化	
5	文件、记录和档案管理	
6	新技术、新工艺、新设备设施、新材料管理	
7	教育培训	
8	班组安全活动	
9	特种作业人员管理	

续表

序号	建立的制度	备注
10	设备设施管理	
11	作业活动管理	
12	危险物品管理	
13	安全警示标志管理	
14	用电安全管理	
15	消防安全管理	
16	交通安全管理	
17	相关方管理	
18	防洪度汛安全管理	
19	职业健康管理	
20	劳动防护用品(具)管理	
21	安全预测预警	
22	安全风险管理、隐患排查治理	
23	变更管理	
24	重大危险源辨识与管理	
25	应急管理	
26	事故管理	
27	安全生产报告	
28	绩效评定管理	
29	监督检查施工单位的制度化管理情况	

续表

序号	建立的制度	备注
30	对中型及以上项目、危险性较大的单项工程,编制安全监理实施细则	
31	安全监理的巡视检查制度	
32	安全生产费用、安全技术措施、安全方案审查制度	
33	安全防护设施、生产设施及设备、危险性较大的单项工程、重大事故隐患治理检查与验收制度	
34	安全例会制度	

附录C 施工单位管理制度名录

施工单位管理制度应包含但不限于以下内容：

序号	建立的制度	备注
一、建设管理制度		
1	质量保证体系	
2	质量管理机构及职责	上墙
3	施工质量检验制度	
4	配备项目经理、技术负责人和施工管理负责人，施工管理人员配备满足工程建设要求	
5	"三检制"	
6	技术交底制度	
7	质量责任制度	
8	工序验收制度	
9	图纸会审和技术交底制度	
10	教育培训制度	
11	质量缺陷备案制度	
12	工程质量事故报告处理制度	

续表

序号	建立的制度	备注
13	施工总进度计划	
14	施工合同进度计划	
15	施工合同单项(专项)进度计划	
16	合同管理职责制度	
17	合同订立审签管理制度	
18	合同专用章保管使用制度	
19	授权委托书管理制度	
20	合同履行、变更和解除制度	
21	合同纠纷处理制度	
22	合同资料管理制度	
23	考核与奖惩制度等	
24	党建进工地制度	

二、安全生产管理制度

1	目标管理	
2	安全生产和职业健康责任制	
3	安全管理机构及职责	
4	安全生产投入	
5	安全生产信息化	
6	文件、记录和档案管理	
7	新技术、新工艺、新设备设施、新材料管理	

续表

序号	建立的制度	备注
8	教育培训	
9	班组安全活动	
10	特种作业人员管理	
11	设备设施管理	
12	作业活动管理	
13	危险物品管理	
14	安全警示标志管理	
15	用电安全管理	
16	消防安全管理	
17	交通安全管理	
18	相关方管理	
19	防洪度汛安全管理	
20	职业健康管理	
21	劳动防护用品(具)管理	
22	安全预测预警	
23	安全风险管理、隐患排查治理	
24	变更管理	
25	重大危险源辨识与管理	
26	应急管理	
27	事故管理	

续表

序号	建立的制度	备注
28	安全生产报告	
29	绩效评定管理	
30	相关岗位和设备的安全操作规程	

附录 D　各参建单位工作行为标准化流程

D1　项目法人主要工作行为标准化流程

项目法人主要工作行为标准化流程如图 D-1 所示。

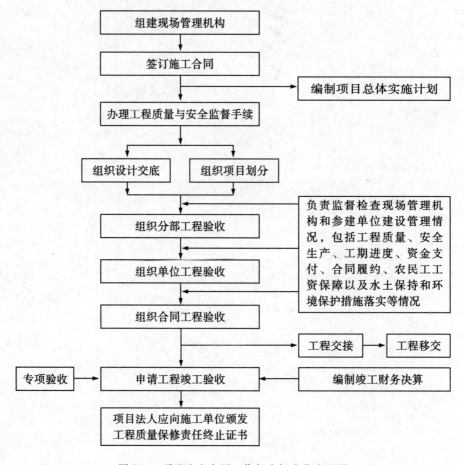

图 D-1　项目法人主要工作行为标准化流程图

206

D2 监理单位主要工作行为标准化流程

单元工程(工序)质量控制监理工作程序如图 D-2 所示。

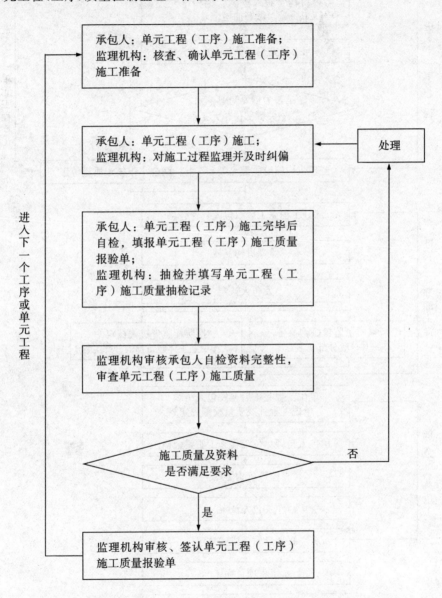

图 D-2 单元工程(工序)质量控制监理工作程序图

质量评定监理工作程序如图 D-3 所示。

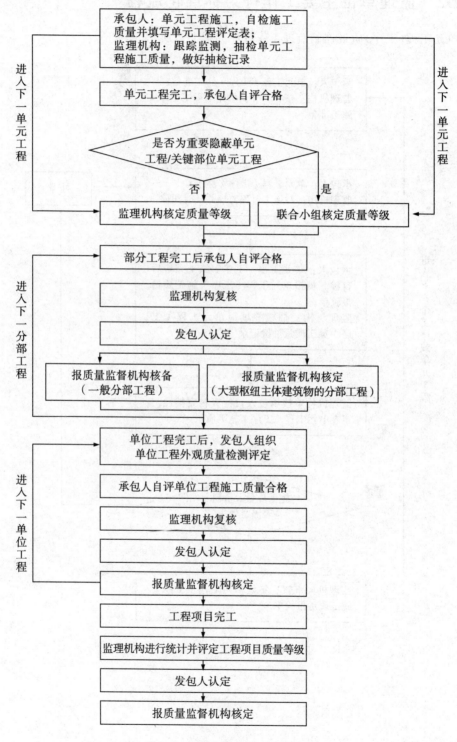

图 D-3　质量评定监理工作程序图

进度控制监理工作程序如图 D-4 所示。

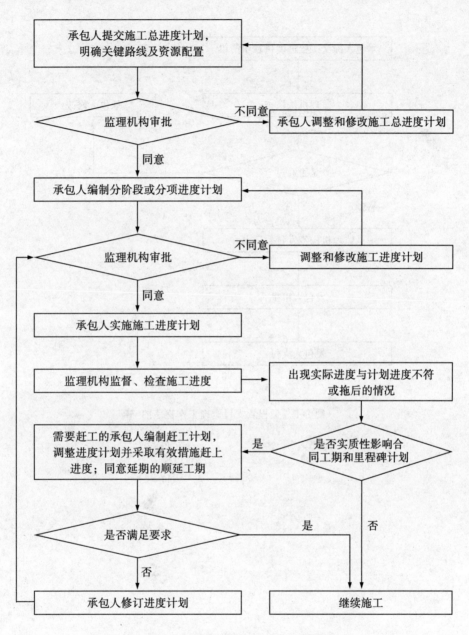

图 D-4 进度控制监理工作程序图

工程款支付监理工作程序如图 D-5 所示。

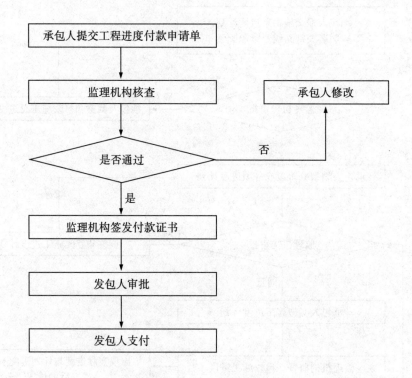

图 D-5　工程款支付监理工作程序图

索赔处理监理工作程序如图 D-6 所示。

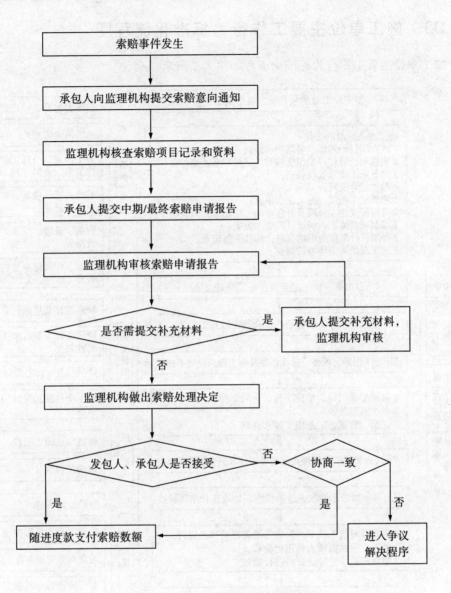

图 D-6 索赔处理监理工作程序图

D3　施工单位主要工作行为标准化流程图

施工单位主要工作行为标准化流程如图 D-7 所示。

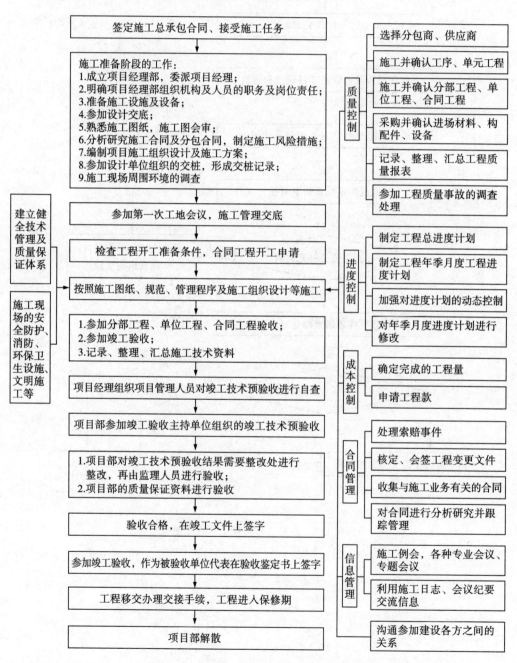

图 D-7　施工单位主要工作行为标准化流程图

附录 E 相关法律法规和标准文件

序号	法律法规和标准文件	备注
1	《水利部关于印发〈水利工程建设项目法人管理指导意见〉的通知》（水建设〔2020〕258 号）	
2	《水利部关于印发〈水利工程建设项目档案管理规定〉的通知》（水办〔2021〕200 号）	
3	《水利工程建设项目管理规定（试行）》（水建〔1995〕128 号，2016 年水利部令第 48 号修改）	
4	《水利工程质量监督管理规定》（水建〔1997〕339 号）	
5	《水利工程建设监理规定》（水利部令第 28 号，2017 年水利部令第 49 号修改）	
6	《水利工程施工监理规范》（SL 288—2014）	
7	《国务院办公厅关于清理规范工程建设领域保证金的通知》（国办发〔2016〕49 号）	
8	《建设工程质量保证金管理办法》（建质〔2017〕138 号）	
9	《水利部关于促进市场公平竞争维护水利建设市场正常秩序的实施意见》（水建管〔2017〕123 号）	
10	《保障农民工工资支付条例》（国务院令第 724 号）	
11	《大中型水利水电工程建设征地补偿和移民安置条例》（国务院令第 471 号，2017 年国务院令第 679 号修改）	
12	《水利水电工程施工测量规范》（SL 52—2015）	
13	《财政部关于印发〈建设工程价款结算暂行办法〉的通知》（财建〔2004〕369 号）	
14	《水利基本建设项目竣工财务决算编制规程》（SL 19—2014）	

续表

序号	法律法规和标准文件	备注
15	《财政部关于印发〈基本建设项目竣工财务决算管理暂行办法〉的通知》（财建〔2016〕503 号）	
16	《水利工程建设项目验收管理规定》（水利部令第 30 号，2017 年水利部令第 49 号修改）	
17	《水利工程质量管理规定》（水利部令第 7 号）	
18	《建设工程质量管理条例》（国务院令第 279 号，2019 年国务院令第 714 号修改）	
19	《水利工程质量检测管理规定》（水利部令第 36 号，2019 年水利部令第 50 号修改）	
20	《水利水电工程施工质量检验与评定规程》（SL 176—2007）	
21	《水工混凝土施工规范》（SL 677—2014）	
22	《水利水电工程单元工程施工质量验收评定标准》（SL 631～634—2012）	
23	《水利水电建设工程验收规程》（SL 223—2008）	
24	《水利水电工程施工安全管理导则》（SL 721—2015）	
25	《中华人民共和国安全生产法》	
26	《建筑施工企业安全生产管理机构设置及专职安全生产管理人员配备办法》（建质〔2008〕91 号）	
27	《水利水电工程施工企业主要负责人、项目负责人和专职安全生产管理人员安全生产考核管理办法》（水安监〔2011〕374 号，2019 年水利部令第 7 号修改）	
28	《水利安全生产标准化通用规范》（SL/T 789—2019）	
29	《建设工程安全生产管理条例》（国务院令第 393 号）	
30	《水利部关于印发〈水利工程建设标准强制性条文管理办法（试行）〉的通知》（水国科〔2012〕546 号）	
31	《水利工程建设安全生产管理规定》（水利部令第 26 号，2019 年水利部令第 50 号修改）	
32	《生产经营单位安全培训规定》（安监总局令第 3 号，2015 年安监总局令第 80 号修改）	
33	《生产安全事故应急条例》（国务院令第 708 号）	
34	《特种作业人员安全技术培训考核管理规定》（安监总局令第 30 号，2015 年安监总局令第 80 号修改）	

续表

序号	法律法规和标准文件	备注
35	《水利部办公厅关于印发〈水利水电工程施工危险源辨识与风险评价导则(试行)〉的通知》(办监督函〔2018〕1693号)	
36	《安全生产事故隐患排查治理暂行规定》(安监总局令第16号)	
37	《水利水电工程施工通用安全技术规程》(SL 398—2007)	
38	《水利水电工程施工作业人员安全操作规程》(SL 401—2007)	
39	《水利水电工程施工安全防护设施技术规范》(SL 714—2015)	
40	《水利水电工程土建施工安全技术规程》(SL 399—2007)	
41	《施工现场临时用电安全技术规范》(JGJ 46—2005)	

附录 F 工作服及工作证

F1 工作服

整体要求:简洁、大方、得体,各参建方统一各自的标准。工作服示例如图 F-1 所示。

（a）管理人员　　　　　　　　　（b）从业人员

图 F-1 工作服示例

说明:施工从业人员着橘黄色工作服(套装,可分夏装和冬装,夏装为短袖,冬装为长袖),同时还要外穿标有施工单位名称的黄色反光背心。

F2　工作证

卡片材质:PVC 或根据实际情况选择。

卡片规格:85 mm×55 mm。

个人信息:方正书宋简体。

编号信息:方正黑体简体。

工作证字体:方正大黑简体。

工作证样式如图 F-2 所示。

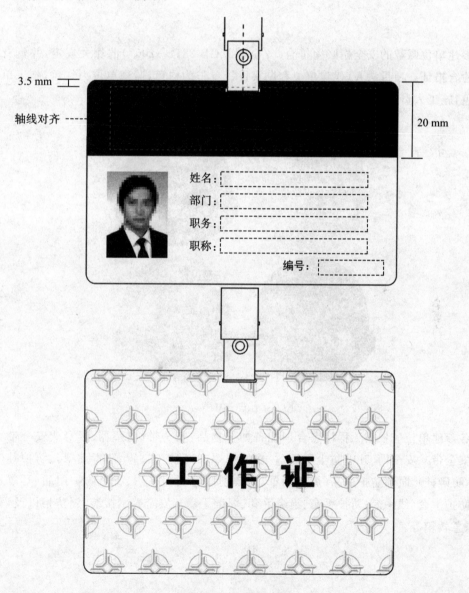

图 F-2　工作证式样

附录 G 安全防护用品

参建单位佩戴的安全帽必须符合《安全帽》(GB 2811—2007)的相关规定,并具有出厂检验合格证。项目法人、代建单位和勘察设计单位为白色,监理单位为红色,施工单位为蓝色,施工人员为黄色。安全帽样式如图 G-1 所示。

图 G-1 安全帽样式

各参建单位应根据工程特点合理配备如下物品:安全带(防坠器、半身式安全带、全身式安全带)、安全网、呼吸防尘用品(一次性口罩、3M 防尘口罩、防毒面罩)、防护鞋(绝缘鞋、防砸鞋)、眼部防护用品(焊接面罩、防辐射眼镜、护目镜)、听力防护用品(耳罩、耳塞)、防护手套(线手套、防护手套、绝缘手套、焊工手套)、安全警示服装、消防柜以及消防器材、急救箱等。

附录 H 工程驻地标准化

H1 项目法人办公使用面积标准

类别	使用面积/（m²/人）	备注
管理人员	6～8	驻地负责人参照县级机关办公用房配备标准（12～30 m²/人）安排
职员	6～8	每间办公室 2～4 人
其他人员	6～8	每间办公室 2～4 人

H2 项目法人服务用房配备标准

类别	配备标准	备注
会议室	可满足 10～30 人同时参会	两门、向外开启，亦可作为党建活动室
宿舍	18～22 m²/间	每间 2～4 人
食堂	2.6～3.7 m²/人	10 人及以下取上限，20 人及以上取下限
厕所	0.2 m²/人	分男、女，总面积不小于 20 m²
娱乐室	总面积不小于 40 m²	—
停车场	38～40 m²/辆	20 辆及以下取上限，40 辆及以上取下限，按建筑平均面积

H3　施工单位服务用房面积标准

各室名称	配备标准	备注
宿舍	2.5 m²/人	净高不低于 2.6 m,单间宿舍住宿人数不宜超过 8 人
食堂(含餐厅)	0.8 m²/人	—
浴室	0.3 m²/人	分男、女,总面积不小于 20 m²,沐浴喷头数量与人员比例不小于 0.3 m²
厕所	0.2 m²/人	总面积不小于 20 m²
娱乐室	总面积不小于 40 m²	—
防疫隔离室	单个面积不小于 20 m²	不少于 3 个

H4　工程驻地建设标准

序号	名称	金额/万元				备注
		400~1000	1000~5000	5000~10 000	10 000 以上	
1	驻地面积	≥500 m²	≥1000 m²	≥2000 m²	≥3000 m²	自建房屋
2	会议室	≥30 m²	≥40 m²	≥50 m²	≥60 m²	
3	驻地围墙	—	通透型护栏	通透型护栏	通透型护栏	自建房屋
4	驻地大门	—	对开铁门或自动伸缩门	自动伸缩门	自动伸缩门	
5	驻地硬化	—	硬化	硬化	硬化	采用 C20 混凝土,硬化厚度可为 15 cm(承重 24 t 以下)、20 cm(承重 24~48 t)、30 cm(承重 48 t 以上),视现场情况确定
6	门卫室	不设	设置	设置	设置	

续表

序号	名称	金额/万元				备注
		400～1000	1000～5000	5000～10 000	10 000 以上	
7	龙门架	不设	自行选择	设置	设置	施工单位
8	旗杆	—	设置	设置	设置	
9	宣传栏	设置	设置	设置	设置	
10	办公投影设备	—	安装	安装	安装	
11	办公室人员	2 人/间	2 人/间	2～4 人/间	2～4 人/间	
12	党建室	设置	设置	设置	设置	
13	档案室	—	设置	设置	设置	
14	宿舍人员	2 人/间	2 人/间	2～4 人/间	2～4 人/间	
15	文体活动室	—	设置	设置	设置	
16	工地试验室	—	—	设置	设置	
17	消防设施	设置	设置	设置	设置	
18	卫生	垃圾桶	垃圾堆积池	垃圾堆积池	垃圾堆积池	
19	医疗室	—	设置	设置	设置	
20	环境监测系统	设置	设置	设置	设置	
21	视频监控系统	设置	设置	设置	设置	数量自定
22	人员考勤	手机考勤软件	手机考勤软件	人脸识别	人脸识别	

注:"—"为不做要求。

附录 I 防护栏杆

防护栏杆示意图及其安装位置示例如图 I-1 所示，预埋钢筋固定立杆基础详图如图 I-2 所示，预埋短钢管固定立杆基础详图如图 I-3 所示，预埋件固定立杆基础详图如图 I-4 所示，膨胀螺栓固定立杆基础详图如图 I-5 所示，移动式防护栏杆如图·I-6 所示。

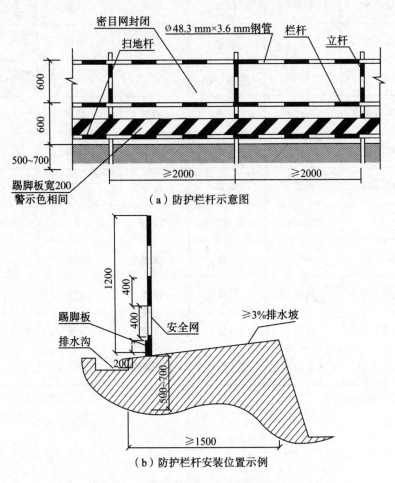

图 I-1 防护栏杆示意图及其安装位置示例(单位:mm)

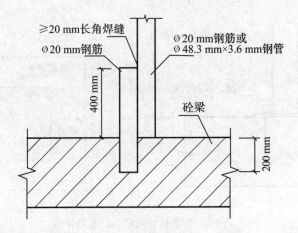

图 I-2 预埋钢筋固定立杆基础详图

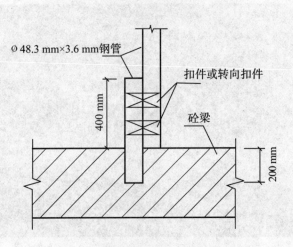

图 I-3 预埋短钢管固定立杆基础详图

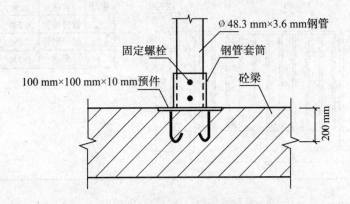

图 I-4 预埋件固定立杆基础详图

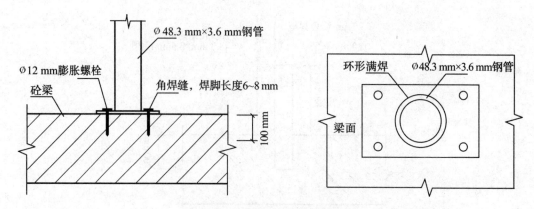

图 I-5 膨胀螺栓固定立杆基础详图

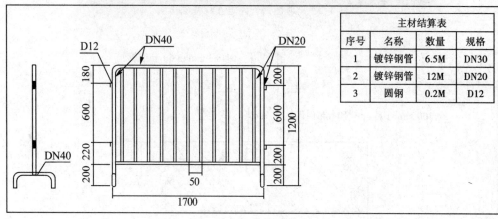

主材结算表			
序号	名称	数量	规格
1	镀锌钢管	6.5M	DN30
2	镀锌钢管	12M	DN20
3	圆钢	0.2M	D12

图 I-6 移动式防护栏杆（单位：mm）

附录 J　洞口防护

　　水平洞口防护效果图如图 J-1 所示,水平洞口防护俯视图如图 J-2 所示,水平洞口防护平面图如图 J-3 所示,洞口位于墙角处的防护做法图如图 J-4 所示,短边长≥1500 mm 的水平洞口防护如图 J-5 所示。

图 J-1　水平洞口防护效果图

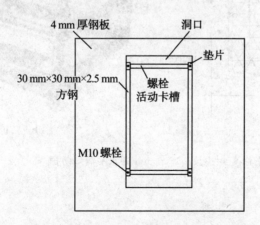

图 J-2　水平洞口防护俯视图

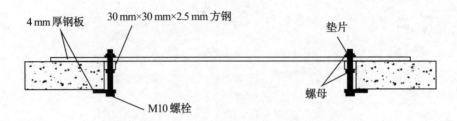

图 J-3　水平洞口防护平面图

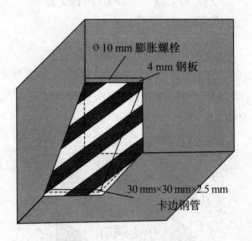

图 J-4　洞口位于墙角处的防护做法图

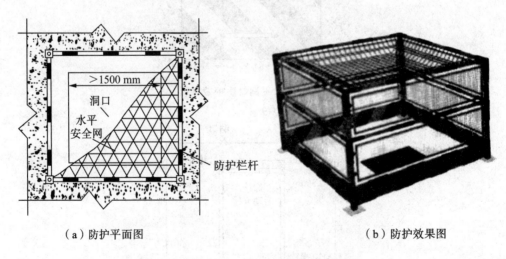

（a）防护平面图　　　　　　　　　　（b）防护效果图

图 J-5　短边长≥1500 mm 的水平洞口防护

附录 K 防护棚、安全通道

防护棚、安全通道正面如图 K-1 所示，防护棚、安全通道侧面如图 K-2 所示。

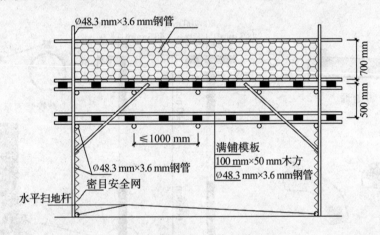

图 K-1 防护棚、安全通道正面

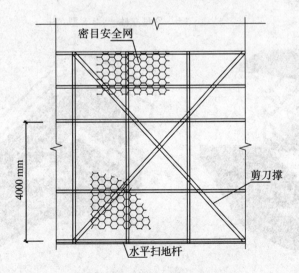

图 K-2 防护棚、安全通道侧面

附录 L　楼梯临边防护

楼梯临边防护如图 L-1 所示。

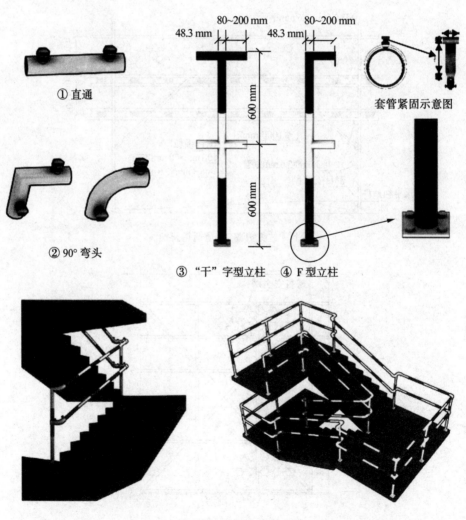

① 直通

② 90° 弯头

③ "干" 字型立柱　④ F 型立柱

套管紧固示意图

图 L-1　楼梯临边防护

附录 M　分配电箱防护棚

分配电箱防护棚如图 M-1 所示。

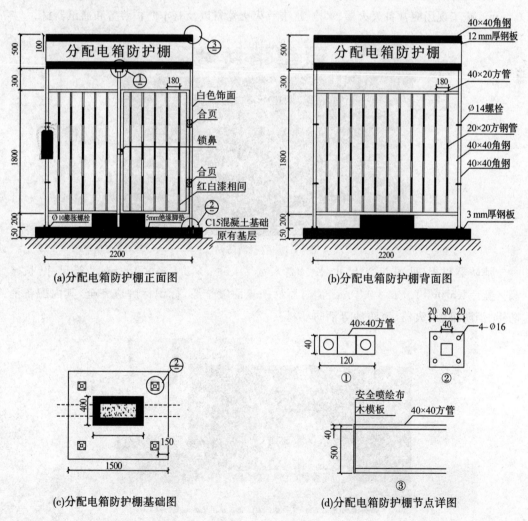

(a)分配电箱防护棚正面图

(b)分配电箱防护棚背面图

(c)分配电箱防护棚基础图

(d)分配电箱防护棚节点详图

图 M-1　分配电箱防护棚(单位:mm)

附录 N 消防设施

微型消防站(见图 N-1)材质为不锈钢、玻璃门,尺寸:长×高×宽＝4.0 m×2.35 m×0.5 m。施工现场应常备灭火器、水枪、水带等灭火器材以及基本防护装备和通讯器材。

图 N-1　微型消防站

消防器材柜(见图 N-2)尺寸:长×高×宽＝4.5 m×2.4 m×0.5 m;沙箱尺寸:长×高×宽＝1.5 m×1.0 m×0.8 m。消防器材柜表面喷红漆,标识标牌应齐全,其内配备消防锹、消防桶、灭火器、消防沙等消防器材。

图 N-2　消防器材柜

附录 O 钢筋(木工)加工场

钢筋加工防护棚是钢筋加工场的一种,如图 O-1 所示。

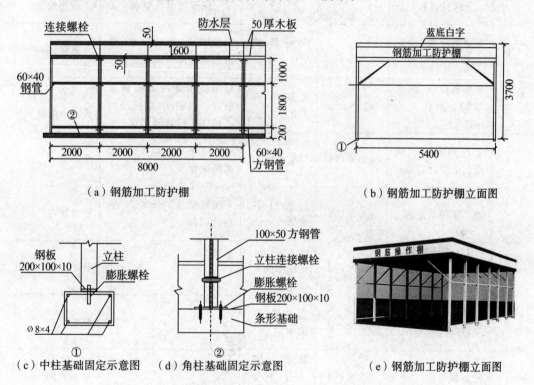

（a）钢筋加工防护棚

（b）钢筋加工防护棚立面图

（c）中柱基础固定示意图　（d）角柱基础固定示意图　（e）钢筋加工防护棚立面图

图 O-1 钢筋加工防护棚(单位:mm)

附录 P 项目法人驻地标识标牌标准

序号	标识名称	尺寸 (长×宽)/cm	颜色、 字体要求	标识内容及要求	设置位置
1	管理制度牌(含职责牌)	80×60	白底黑字、宋体	岗位职责、管理制度,要求在牌底部有单位名称	办公室
2	工程概况牌、质量与安全责任人公示牌	300×200	蓝底白字、宋体	标志牌版面由不锈钢或镀锌钢板制成,立柱采用不锈钢或镀锌圆钢管。	项目部大门口或驻地院内
3	工程形象进度图施工进度计划图	400×150	白底黑字	可按两块 200 cm×150 cm 的牌制作	会议室
4	施工平面示意图	400×150	蓝底白字、宋体	可按两块 200 cm×150 cm 的牌制作	驻地院内
5	工程立体效果图	200×150	白底彩图	—	驻地院内
6	安全生产、文明施工、环境保护牌	200×150	蓝底白字、宋体	—	驻地院内
7	消防保卫牌	200×150	蓝底白字、不小于 40 号、宋体	底部必须标有火警电话 119	驻地院内
8	办公室门牌	28×10	金底红字、宋体	—	各办公室门墙上
9	党建宣传栏	240×120 (单窗)	—	可设置多窗,其他宣传栏参照制作	驻地院内

注:具体字体、颜色可根据实际调整,以美观、大方、简洁为原则。

附录 Q 监理驻地标识标牌标准

序号	标识名称	尺寸 （长×宽）/cm	颜色、 字体要求	标识内容及要求	设置位置
1	管理制度牌（含职责牌）	80×60	白底黑字、宋体	岗位职责、管理制度，要求在牌底部有单位名称	办公室
2	项目简介牌	300×200	蓝底白字、宋体	标志牌版面由不锈钢或镀锌钢板制成，立柱采用不锈钢或镀锌圆钢管。	驻地大门口或院内
3	监理组织结构框图、质量与安全监理程序框图等	200×150	蓝底白字、不小于40号、宋体	—	会议室或办公室
4	工程形象进度图	400×150	白底黑字	可按两块200 cm×150 cm的牌制作	会议室
5	晴雨表	120×80	白底黑字	—	会议室
6	项目平面示意图	400×150	蓝底白字、宋体	可按两块200 cm×150 cm的牌制作	会议室或驻地院内
7	监理机构标识牌	240×40（竖牌）	白底黑字木板或银灰底黑字铝合金板、宋体	监理机构名称与公章相同；有党支部的规格与上相同，红字；	驻地大门立柱
8	办公室门牌	28×10	金底红字、宋体	—	各办公室门墙上
9	党建宣传栏	240×120（单窗）	—	可设置多窗	驻地院内

注：具体字体、颜色可根据实际调整，以美观、大方、简洁为原则。

附录 R　施工单位标识标牌标准

序号	标识名称	尺寸 (长×宽)/cm	颜色、 字体要求	标识内容及要求	设置位置
1	管理制度牌（含职责牌）	80×60	白底黑字、宋体	岗位职责、管理制度，要求在牌底部有单位名称	办公室
2	工程概况牌、质量与安全责任人公示牌	300×200	蓝底白字、宋体	标志牌版面由不锈钢或镀锌钢板制成，立柱采用不锈或镀锌圆钢管。	项目部大门口或驻地院内
3	质量与安全保证体系、组织机构图	200×150	蓝底白字、不小于40号、宋体	—	会议室
4	工程形象进度图施工进度计划图	400×150	白底黑字	可按两块200 cm×150 cm的牌制作	会议室
5	晴雨表	120×80	白底黑字	—	会议室
6	施工平面示意图	400×150	蓝底白字、宋体	可按两块200 cm×150 cm的牌制作	会议室或驻地院内
7	工程立体效果图	200×150	白底彩图	—	会议室或驻地院内
8	安全生产、文明施工、环境保护牌	200×150	蓝底白字、宋体	—	会议室或驻地院内

234

续表

序号	标识名称	尺寸 (长×宽)/cm	颜色、 字体要求	标识内容及要求	设置位置
9	消防保卫牌	200×150	蓝底白字、不小于40号、宋体	底部必须标有火警电话119	会议室或驻地院内
10	项目机构标识牌	240×40 (竖牌)	白底黑字木板或银灰底黑字铝合金板、宋体	项目名称及合同标段名称(与公章相同);有党支部的规格与上相同,红字	驻地大门立柱
11	试验室标识牌	60×40 (横牌)	黑字、宋体	同上	试验室门口明显位置处
12	科室牌	28×10	金底红字、宋体	亚克力材质	各办公室门框上方
13	宣传栏	240×120 (单窗)	—	可设置多窗	驻地院内

注:具体字体、颜色可根据实际调整,以美观、大方、简洁为原则

附录 S 施工现场形象示意图

S1 项目部门楼

项目部门楼(见图 S-1)设置在项目办公生活区主出入口。

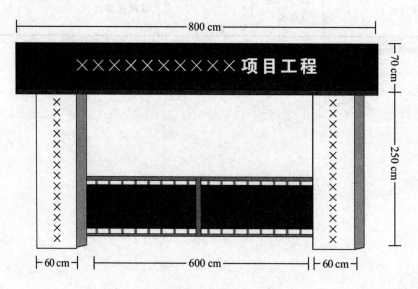

图 S-1 项目部门楼

S2 大门门牌

大门门牌(见图 S-2)用于记录公司名字及项目,材质工艺为木质板材或拉丝不锈钢,文字为烤漆工艺,制作尺寸为 240 cm×40 cm(竖牌)。

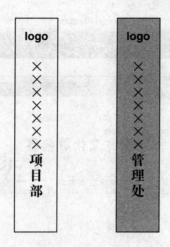

图 S-2 大门门牌

S3 直停车位/斜停车位

直停车位/斜停车位(见图 S-3)用于现场车位管理,材质工艺为地坪漆划线,边框为白色或黄色,制作尺寸执行停车位划线标准。

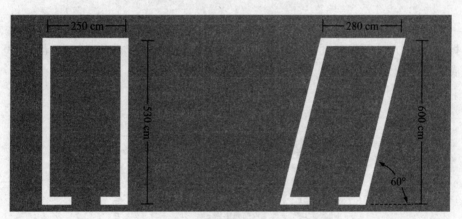

图 S-3 直停车位/斜停车位

S4 党建文化宣传栏

党建文化宣传栏(见图 S-4)设立于项目主出入口,外框为不锈钢架,内镶镀锌板,表面用户外写真喷画,挡雨棚。制作尺寸:宣传栏尺寸为 240 cm×120 cm(单窗),埋地 60 cm,栏框底部距地 80 cm。

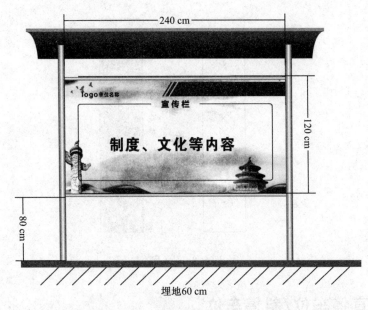

图 S-4 党建文化宣传栏

S5 工程立体效果图

工程立体效果图（见图 S-5）设立于项目法人、施工单位驻地，外框为不锈钢架，内镶镀锌板，表面用户外写真喷画。制作尺寸：宣传栏尺寸为 200 cm×150 cm，埋地 60 cm，栏框底部距地 80 cm。

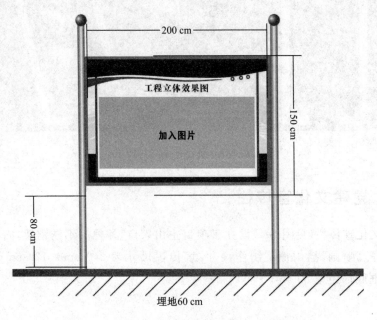

图 S-5 工程立体效果图

S6 施工平面示意图

施工平面示意图(见图 S-6)设立于项目法人、监理、施工单位驻地,外框为不锈钢架,内镶镀锌板,表面用户外写真喷画。制作尺寸:宣传栏尺寸为 400 cm×150 cm,埋地 60 cm,栏框底部距地 80 cm。

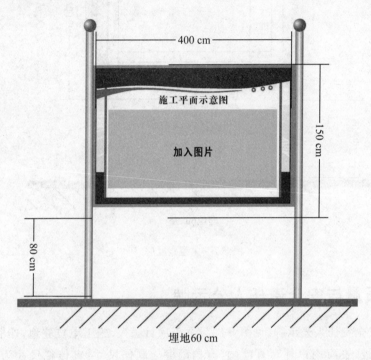

图 S-6 施工平面示意图

S7 工程概况牌

工程概况牌(见图 S-7)设立于项目法人、施工单位驻地,外框为不锈钢架,内镶镀锌板,表面用户外写真喷画。制作尺寸:宣传栏尺寸为 300 cm×200 cm,埋地 60 cm,栏框底部距地 80 cm。

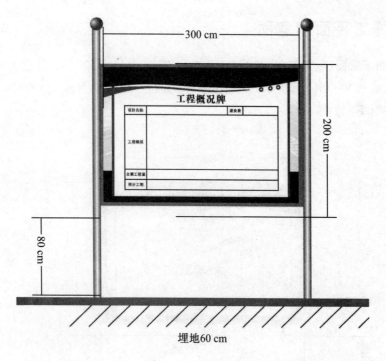

图 S-7　工程概况牌

S8　质量与安全责任人公示牌

质量与安全责任人公示牌(见图 S-8)设立于项目法人、施工单位驻地,外框为不锈钢架,内镶镀锌板,表面用户外写真喷画,有挡雨棚。制作尺寸:宣传栏尺寸为 200 cm×150 cm,埋地 60 cm,栏框底部距地 80 cm。

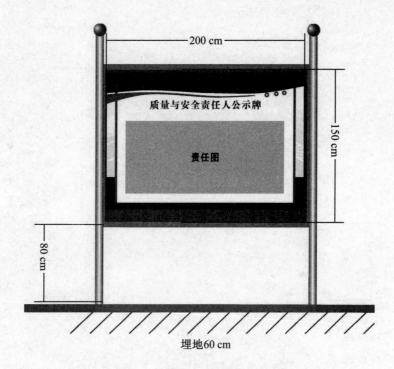

图 S-8　质量与安全责任人公示牌

S9　消防保卫/安全生产/文明施工/环境保护牌

　　消防保卫/安全生产/文明施工/环境保护牌(见图 S-9)设立于项目法人、施工单位驻地,外框为不锈钢架,内镶镀锌板,表面用户外写真喷画,有挡雨棚。制作尺寸:宣传栏尺寸为 200 cm×150 cm,埋地 60 cm,栏框底部距地 80 cm。消防保卫牌底部必须标有火警电话 119。

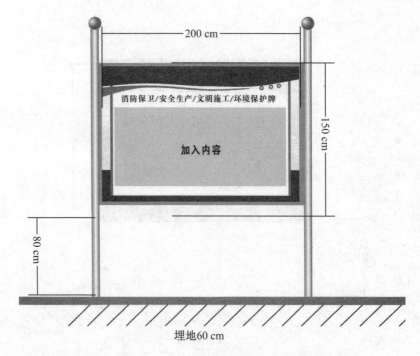

图 S-9　消防保卫/安全生产/文明施工/环境保护牌

S10　晴雨表

晴雨表(见图 S-10)设立于监理、施工单位驻地,材质工艺为高清写真覆 KT 板镶嵌银边条,制作尺寸为 120 cm×80 cm。

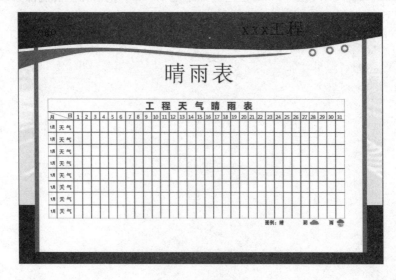

图 S-10　晴雨表

S11　工程形象进度图

工程形象进度图(见图 S-11)设立于项目法人、监理、施工单位驻地,材质工艺为高清写真覆 KT 板镶嵌银边条,制作尺寸为 400 cm×150 cm。

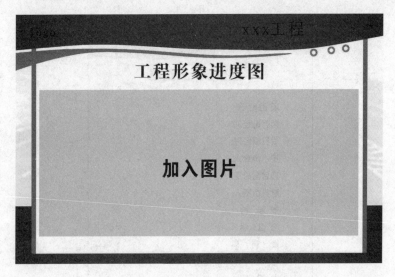

图 S-11　工程形象进度图

S12　组织机构图/监理单位工作程序图

组织机构图/监理单位工作程序图(见图 S-12)设立于监理单位驻地,材质工艺为高清写真覆 KT 板镶嵌银边条,制作尺寸为 80 cm×60 cm。

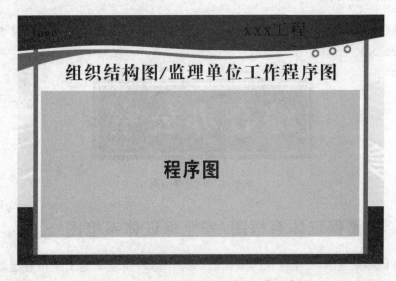

图 S-12　组织机构图/监理单位工作程序图

S13　管理制度和机构组成牌

管理制度和机构组成牌(见图 S-13)设立于项目法人、监理、施工单位驻地,材质工艺为高清写真覆 KT 板镶嵌银边条,制作尺寸为 80 cm×60 cm。

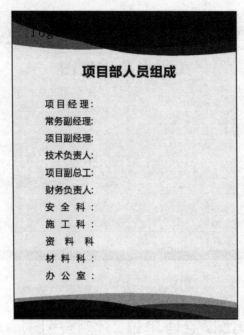

图 S-13　管理制度和机构组成牌

S14　科室牌

科室牌(见图 S-14)设立于办公室门口,材料工艺为 10 mm 亚克力板 UV 背喷,制作尺寸为 28 cm×10 cm。

图 S-14　科室牌示例

S15　质量保证体系框图/安全保证体系框图

质量保证体系框图/安全保证体系框图(见图 S-15)设立于施工单位驻地,材质工艺为高清写真覆 KT 板镶嵌银边条,制作尺寸为 200 cm×150 cm。

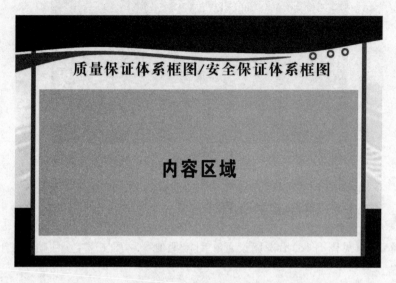

图 S-15 质量保证体系框图/安全保证体系框图

S16 安全讲评台/班组安全宣讲台

安全讲评台/班组安全宣讲台(见图 S-16)用于施工单位、班组安全宣讲。材质工艺:讲评台高度 20 cm,采用强度不低于 C20 的混凝土浇筑,背景墙尺寸宜为 500 cm×240 cm(长×高),图牌框架采用 40 mm×40 mm×2 mm 方钢,表面采用 1.2 mm 厚镀锌板,喷绘布覆盖。安全讲评台/班组安全宣讲台制作尺寸宜为 500 cm×270 cm(长×宽)。

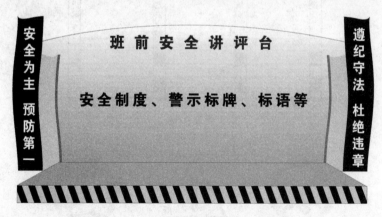

图 S-16 安全讲评台/班组安全宣讲台

S17 消防展示柜

消防展示柜(见图 S-17)的材质为铁质,制作尺寸为 200 cm×360 cm(高×宽)。

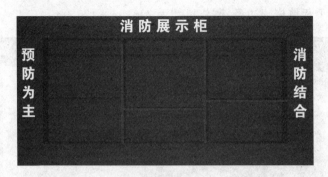

图 S-17 消防展示柜

S18 安全标识牌/安全警示牌

安全标识牌(见图 S-18)沿围墙设置在门楼两侧。材质工艺:立柱喷漆＋1 mm 铝板裱＋反光贴。

安全警示牌(见图 S-18)采用户外写真装裱铝塑板制作而成。禁止标识牌为红色带斜杠的圆边框;警告标志牌为黑色边、黄色底图的正三角形框;指令标志牌为蓝色圆形边框。安全警示牌共有两个尺寸,大的为 50 cm×40 cm(长×宽),小的为 30 cm×25 cm(长×宽)。

图 S-18 安全标识牌和安全警示牌

S19 围挡

围挡(见图 S-19)沿围墙设置在门楼两侧,支架由不锈钢焊接而成,绿色铁皮围挡用燕尾丝固定。

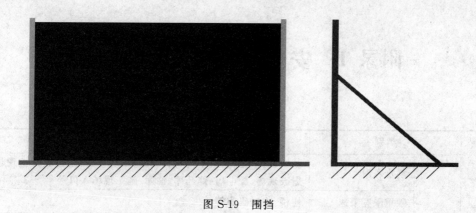

图 S-19 围挡

附录 T 安全警示标志设置位置

序号	类别		设置位置
1	禁止标志	禁止入内	基坑、泥浆池、水上平台、挖孔桩施工现场、路基边坡开挖现场、爆破现场、配电房、炸药库、油库、施工现场入口等
		限重限宽限速	便桥、临时码头等
		禁止合闸	检修、清理搅拌系统、龙门吊、桩机等机械设备
		禁止烟火	配电房、电气设备开关处、发电机、变压器、炸药库、油库、油罐、隧道口、木工加工场地等
		禁止攀登	拌和楼、龙门吊、桩机、脚手架、变压器等
		禁放易燃物	大型空压机、炸药库、油库、油罐等
		禁止用水灭火	配电房、电气设备开关处、发电机、变压器、油库等
		禁止抛物	未完成的桥面上、脚手架、高处作业场所等
		正面禁止站人	张拉作业区等
2	警告标志	注意安全	基坑、泥浆池、水上平台、桩基施工现场、路基边坡开挖现场、爆破现场、配电房、炸药库、油库、便桥、临时码头、拌和楼、龙门吊、桩机、脚手架、变压器、拆除工程现场、地锚、缆绳通过区域等
		当心坑洞	基坑、桩基施工现场等
		当心坠落	水上平台、高处作业、拌和楼等
		当心机械伤人	桩机、架桥机、大型空压机、钢筋加工场地、模板加工场地等
		当心车辆	施工现场、道路交叉口等
		当心塌方	边坡开挖
		当心滑跌	砌筑脚手架、隧道施工台车、衬砌台车等
		当心触电	拌和楼、龙门吊、配电房、电气设备开关处、发电机、变压器、桩机、隧道进口、梁场进口等

续表

序号	类别		设置位置
3	警告标志	当心冒顶	隧洞隧道进口
		当心弧光	焊接作业场所
		当心扎脚	钢筋、木工加工区域等
		当心伤手	钢筋、木工加工区域等
		当心落物	高处作业区、垂直交叉作业区下方等
		当心吊物	吊装作业区
4	指令标志	必须戴安全帽	施工现场进出口、桩基施工现场、路基边坡开挖现场、爆破现场、张拉作业区、梁场入口、钢筋加工场地、拆除现场、隧道进口等
		必须穿救生衣	水上平台、临时码头
		必须系安全带	高处作业
		必须戴防护眼镜	焊接场地、油泵操作场地
		必须佩戴防尘口罩	具有粉尘的作业场所,焊接作业、拌和楼
		必须穿防护服	焊接作业
		必须戴防护手套	焊接作业
		必须穿防护鞋	钢筋、木工加工区域,焊接作业区
5	提示标志	绕道行驶	根据现场情况设置

注:字体、颜色、尺寸可根据《安全标志及其使用导则》(GB 2894—2008)的要求。安全标志可使用 PVC 板或塑质自黏性乙烯材料粘贴,也可使用 80 mm×40 mm 不锈钢立柱固定,立柱高度 180 cm。

附录 U　标识标牌标准

U1　拌和站标识牌标准

序号	标识名称	尺寸 （长×宽）/cm	颜色字体要求	标识内容及要求	设置位置
1	材料标识牌	60×50	蓝底白字、宋体	后填入,用红色字体	材料堆放处
2	混凝土配合比牌	150×120	蓝底白字、宋体	后填入,用红色字体	设置在拌和楼或搅拌机旁
3	砂浆配合比牌	80×60	蓝底白字、宋体	后填入,用红色字体	搅拌机旁

U2　材料标识牌/半成品标识

材料标识牌/半成品标识用于现场原材料及半成品标识,示例如图 U-1 所示。

(1)材质工艺:使用户外 PVC 被写真画面。

(2)制作尺寸:标识牌尺寸为 40 cm×25 cm(长×宽),蓝边。白底、黑字,内容需包括材料名称生产厂家、规格、数量、日期、验收状态等内容。

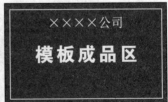

图 U-1　材料标识牌/半成品标识示例

U3 混凝土配合比牌

工程名称：

使用部位			设计强度 /MPa		坍落度 /mm	
材料名称	水泥	砂	石子	水	掺和料	外加剂
产地及规格						
理论配合比						
施工配合比						
每立方米用量/kg						

试验人员：   搅拌站负责人：   现场施工负责人：

U4 砂浆配合比牌

工程名称：

使用部位		设计强度/MPa		稠度/s	
材料名称	水泥	砂	水	外加剂	
产地及规格					
理论配合比					
施工配合比					
每立方米用量/kg					

试验人员：   搅拌站负责人：   现场施工负责人：

参考文献

[1] 山东省水利厅.山东省水利工程标准化工地建设指南(2014 版)[R/OL].(2014-12-08)[2022-03-31].https://jz.docin.com/p-1945829436.html.

[2] 钱宜伟,冯玉禄.水利水电施工企业安全生产标准化评审标准释义[M].北京:中国水利水电出版社,2013.

[3] 中华人民共和国水利部.水利工程施工监理规范:SL 288—2014[S].北京:中国水利水电出版社,2014.

[4] 中华人民共和国水利部.水利水电工程施工通用安全技术规程:SL 398—2007[S].北京:中国水利水电出版社,2007.

[5] 中华人民共和国住房和城乡建设部.施工现场临时建筑物技术规范:JGJ/T 188—2009[S].北京:中国建筑工业出版社,2009.

[6] 中华人民共和国住房和城乡建设部.施工现场临时用电安全技术规范:JGJ 46—2005[S].北京:中国建筑工业出版社,2005.

[7] 中华人民共和国住房和城乡建设部.建设工程施工现场环境与卫生标准:JGJ 146—2013[S].北京:中国建筑工业出版社,2013.

[8] 中华人民共和国水利部.水利建设项目稽察常见问题清单(2021 版)[R/OL].(2021-07-01)[2022-03-31]. http://www.jsgg.com.cn/Index/Display.asp? NewsID=26186.

[9] 国家发展改革委.党政机关办公用房建设标准(发改投资〔2014〕2674 号)[R/OL].(2021-07-01)[2022-03-31].https://zfxxgk.ndrc.gov.cn/web/fileread.jsp? id=1687.

[10] 中华人民共和国水利部.水利工程建设项目档案管理规定(水办〔2021〕200 号)[R/OL].(2021-07-01)[2022-03-31]. http://www.jsgg.com.cn/Index/Display.asp? NewsID=26154.

[11] 中华人民共和国住房和城乡建设部.危险性较大的分部分项工程安全管理规定(住建部 2018 第 37 号)[R/OL].(2021-07-01)[2022-03-31].https://www.mohurd.gov.

cn/gongkai/zhengce/zhengceguizhang/201803/20180320_763794.html.

[12] 全国图形符号标准化技术委员会.图形符号　安全色和安全标志　第 5 部分：安全标志使用原则与要求:GB/T 2893.5—2020[S].北京:中国标准出版社,2020.

[13] 中华人民共和国应急管理部.头部防护　安全帽:GB 2811—2019[S].北京:中国标准出版社,2019.

[14] 全国安全生产标准化技术委员会.安全标志及其使用导则:GB 2894—2008[S].北京:中国标准出版社,2008.

[15] 中华人民共和国住房和城乡建设部.建筑工程绿色施工规范:GB/T 50905—2014[S].北京:中国建筑工业出版社,2014.

[16] 中华人民共和国水利部.水利水电工程施工安全管理导则:SL 721—2015[S].北京:中国水利水电出版社,2015.